從最基礎開始

本書不僅可作為初學者的入門參考書，也可供曾學過縫紉但有點忘記，又不好意思向他人請教的讀者閱讀。現在就從打開本書開始，輕鬆學會手作的基本功。

裁剪‧縫紉用具

不需要一開始就購齊所有的裁縫用具，但此處所介紹的都是裁剪、縫紉過程中不可缺少的基本配備。其餘的用具可以之後依據個人的實際需求再慢慢添購。

裁布剪刀

購買剪裁布料的大剪刀時，先試試手感，選擇用起來順手的產品。注意，不要用裁布剪刀來剪衣料之外的其他東西，那樣很容易使剪刀變鈍。
提供=CLOVER株式會社

如何持握裁布剪刀

拇指插入剪刀刀柄上較小的孔中，中指、無名指、小指一起插入較大的孔中，牢牢握住剪刀。食指勾住剪刀刀柄上稍靠前的弧形位置，保持剪刀的平衡。此外，把拇指外的四根手指全部插入大孔中的持握方法也沒錯。總之，選一種自己順手的方法持握剪刀。

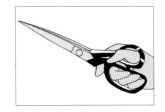

裁布剪刀的使用方法

剪裁時，儘量不讓衣料離桌面太遠，且剪刀刀口的下緣可以貼著桌面向前推進，這樣可以有效地避免錯剪。

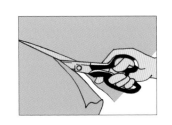

1　頂針

手縫時，套在持針手的中指第一和第二指節中間。利用頂針來推針，即使是縫針不易穿透的厚實布料也會變得輕鬆易行。頂針有金屬製和皮革製兩種。無論哪種材質，最重要的是選擇尺寸合適、戴著舒適的頂針。
提供=CLOVER株式會社

2　針插

手縫針、珠針都可以插在上面。在縫製時使用戴在手腕上的針插可以很順手地取放各種小針。另外，磁鐵型的針插也頗受歡迎，它能把小針吸附得很牢實，而且，用它來吸起掉落的小針等金屬小物也非常方便。
提供=CLOVER株式會社

目錄

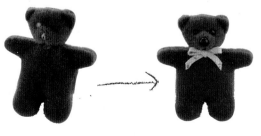

Before　　　　After

作　者：BOUTIQUE社
譯　者：王海
專案執行：Fun作工作室——蘇真・蘇筠・童星漾
封面設計：劉芸
內頁編排：造極彩色印刷

社　　長：詹慶和
總 編 輯：蔡麗玲
副總編輯：劉信宏
執行編輯：莊麗娜
編　　輯：方嘉鈴
業務經理：李文龍
行銷企劃：許伯藝・邱蘭飴
會 計 師：江佳芳
發 行 部：杜梅暖・許秋苑・張妤婷
出 版 者：雅書堂文化事業有限公司
發 行 者：雅書堂文化事業有限公司
郵政劃撥帳號：18225950
郵政劃撥戶名：雅書堂文化事業有限公司
地　　址：台北縣板橋市板新路206號3樓
電　　話：(02)8952-4078
傳　　真：(02)8952-4084
網　　址：www.elegantbooks.com.tw
電子郵件：elegant.books@msa.hinet.net

Boutique-Mook No. 692 ONAOSHI TO SAIHO-JITSUREI
Copyright © BOUTIQUE-SHA 2008 Printed in Japan
All rights reserved.
Original Japanese edition published in Japan by BOUTIQUE-SHA.
Chinese (in complex character) translation rights arranged with BOUTIQUE-SHA
through KEIO CULTURAL ENTERPRISE CO., LTD.

總 經 銷：朝日文化事業有限公司
進退貨地址：235台北縣中和市橋安街15巷1號7樓
電話Tel：02-2249-7714
傳真Fax：02-2249-8715
2008年10初版　定價380元

星馬地區總代理：諾文文化事業私人有限公司
新 加 坡：Novum Organum Publishing House (Pte) Ltd.
20 Old Toh Tuck Road, Singapore 597655. TEL：65-6462-6141 FAX：65-6469-4043
馬來西亞：Novum Organum Publishing House (M) Sdn. Bhd.
No. 8, Jalan 7/118B, Desa Tun Razak,56000 Kuala Lumpur, Malaysia

國家圖書館出版品預行編目資料

手作族一定要會的裁縫基本功 /
BOUTIQUE社 -- 初版. --
臺北縣板橋市：雅書堂文化, 2008.09
面；　公分（FUN手作；12）
ISBN 978-986-6648-35-9(平裝)

1. 縫紉　2. 手工藝
426.3　　　　　　　97018081

本書的工作人員
執行編輯 東鄉行洋
編輯協助 神戶雅子
作品製作 アリガエリ studio hana 大久保千秋
　　　　 橘美代子　吉田敬子
攝影 腰塚良彥 藤田律子
製圖 茅田文子 榊原由香裡
插圖 亀井きこ
版面設計 梁川綾香

3 剪線剪刀

剪斷手縫線或車縫線時使用。剪線剪刀是用來進行精細操作的工具，所以，宜選用易持握、刀口鋒利的產品。

5 手縫線

手縫時使用的線。手縫線按粗細和材質做法分為許多種類，但以聚酯材質的50號線最為常用。另外，還有適合用來縫製鈕釦的線及鎖釦眼的手縫線等。

區別手縫線和車縫線

手縫線和車線都是由數條細線絞合而成，不同的是兩者的絞合方向是相反的。手縫線向右，而車線向左。如果使用車線進行手縫，車線的絞合就可能被鬆開，很容易纏繞成一團。因此，手縫時要盡量使用手縫線。

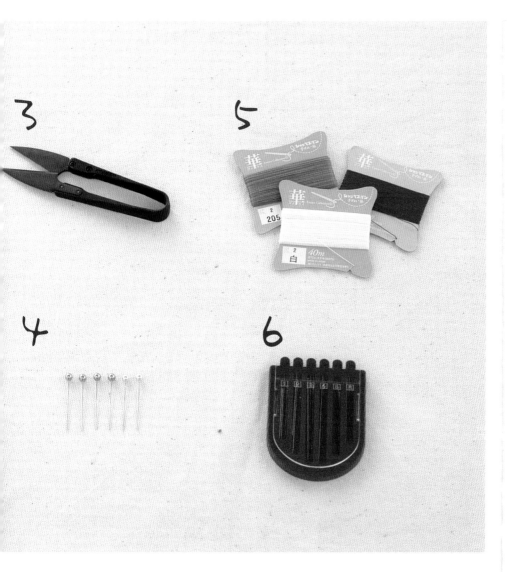

手縫線

車縫線
提供=Fujix株式會社

4 珠針

縫補時用來臨時固定布料。如果針珠生鏽，就會變得難以刺入布料，所以，最好選用不鏽鋼材質的珠針。此外，為了防止掉落後不易找到，宜選用針頭部分色彩比較鮮豔的產品。
提供=CLOVER株式會社

6 手縫針

手縫專用針，有多種粗細和長度。可以依不同布料的特點選擇適合的手縫針。一般來說，較厚的布料用較粗的針，較薄的布料選用較細的針。
提供=CLOVER株式會社

開始縫製前

縫製前的準備工作。穿線對生手來說是件費事的工作，不過，只要掌握技巧，就會變得非常簡單。

矯正彎曲的手縫線

手縫線大多是纏繞在硬紙片上，所以時間一長，縫線上往往會有褶痕。
直接使用有彎曲的縫線很容易打結，所以，使用前最好先消除這些褶痕和彎曲。

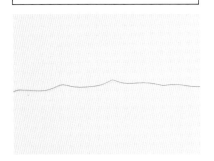

①消除褶痕前的縫線。

②取出約30至40cm的縫線。

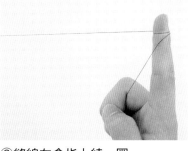

③縫線在食指上繞一圈。

④微微用力繃緊，用大拇指彈縫線。

⑤縫線變得均勻順直。

如何決定縫線的長度

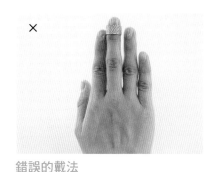

15cm

如俗語所言「笨手愛把線拉長」，縫線越長，越容易在操作過程作纏成一團，或中途拉出死結，妨礙縫製進行。所以，超過前臂15cm左右通常被視為最合適的縫線長度。

頂針的戴法

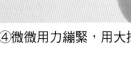

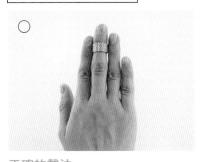

○

正確的戴法
頂針應該戴在慣用手中指的第一和第二指節中間。

×

錯誤的戴法
戴在指尖或戴得太深，都不利於固定縫針，影響縫製效果。

持針的方法

以慣用手的拇指與食指夾住縫針中前部，針孔和頂針面之間構成一直角。

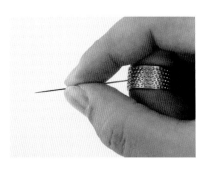

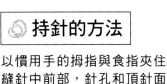

◎ 穿針引線

①縫線端剪出一斜口。

②縫線從針孔中穿出。

◎ 固定珠針的方法

正確的固定方法

○

固定時，珠針應該垂直於縫補方向。挑縫衣料時最好挑起0.2cm。

錯誤的固定方法

×

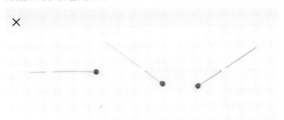

初學者往往容易沿縫補方向插入珠針，很容易在縫補時被刺到手或傷及手指。此外，斜插珠針也不正確，容易造成布料脫離或形成縐褶。

方便穿線的小工具

穿線對新手而言是個費時又費事的步驟，不過，只要藉助簡便的專用工具，穿線就會變得輕而易舉。穿線器有很多種，大家可以自由選擇用來順手的產品。

簡易穿線剪線器
附剪線刀片一枚
攜帶型
提供= CLOVER株式會社

自動穿線器
粗針、細針均可使用
桌上型
提供=河口株式會社

自動穿線器的使用方法

①右手握住線頭，兩手拉緊一小段，手縫線放置於穿線器上的溝槽中。

②針孔朝下將縫針直放於針筒的筒口後，鬆手讓縫針落入針筒底部。

③不要移動穿線器，同時用手指按下按鈕，直到聽到「喀嚓」一聲輕響。

④出線口會出現一個小線圈。

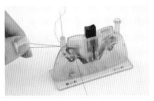

⑤捏住線圈，將先前右手所握的那段較短的縫線完全拉出。

⑥從針筒中向上拿出縫針。

⑦線穿過針頭。

始縫結

用手指打結

①用拇指和食指撮起線頭。

②縫線在食指指尖纏繞一圈。

③拇指將縫線從壓線的位置向食指尖端搓轉，搓成的線圈自食指尖脫落後，再用中指及拇指壓從線圈中抽出線頭。

④完成始縫結。

用針打結

①穿線。

②用較長一邊的縫線線頭纏繞縫針2至3圈。

③將繞好的線圈集中擠壓到食指指尖，形成結粒。

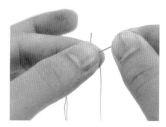

④用拇指和食指捏住結粒。

⑤用另一隻手向外抽出縫針。

⑥完成始縫結。

準備假縫線束

假縫線束又叫「疏縫線卷」，呈圓圈狀，所以，使用前需要做一些準備動作避免線纏繞在一起。若購買的棉線也是呈現線捲狀，則準備工作與假縫線束的情形一樣。

提供=疏縫線 CLOVER株式會社

①線束有兩個U型轉角，選其中一個完全剪斷。

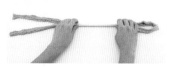

②拉直扭曲部分，用大小適當的紙張將線束卷裹起來。

③使用時，從未被剪開的U型轉角處拉出一根根疏縫線，既輕鬆也不會發生縫線纏繞。

基礎手縫法

介紹幾種常用的手縫方法，適用於不同部位和目的。
首先從平針縫說起。

平針縫（絎）

表面　　　　　背面

又稱為運針，是最基本的手縫方法。針腳在衣料的正面、
背面約以每3mm的間距向前推進。

針腳間距1至2mm的平針縫又被稱為「絎」，想要做出整
齊美觀的衣褶（抽褶時縮縫）等時，常會用到此種手縫法。

①從正面下第一針。

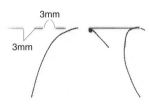

②第一針入針處再縫一針。

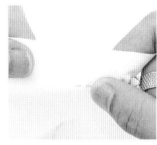

③縫針一上一下，向前推進。

④用拇指和食指穩穩夾住衣料，確保針尖落在針腳的水平線上，然後縫合。

⑤連穿數針後，將針線拉出來。

⑥用拇指和食指將鬆弛的針腳向縫補的推進方向捋一捋。該操作成為「捋線」。

⑦押平針腳。

止縫結（收尾打結）

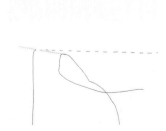

①和始縫結一樣，先回一針，在前針的位置再縫一次。

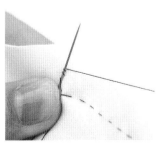

②將縫針靠在收尾位置，用縫線繞縫針2至3圈。

③拇指用力將線圈移向末針出針位置，抽出縫針，剪斷縫線。

全回針縫

此種縫法的針腳看起來就像是車縫出來的。先回縫一針（約針眼長），再前進兩針的針距，如此反覆前進。使用回針縫縫出的作品較牢固。針距宜控制在3mm左右。

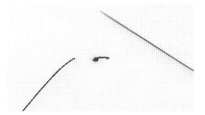

①從正面起第一針。

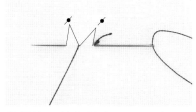

②從第一針起針處再入一針，在背面前進兩針針距後出針。

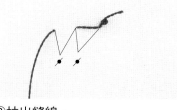

③拉出縫線。

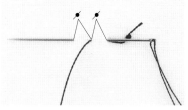

④回一針（約針眼長），再前進兩針的針距出針。如此反覆。

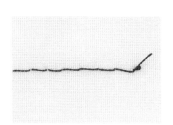

⑤完成。

半回針縫

正面　　　　　背面

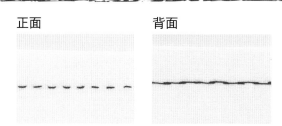

看似平針縫的針腳。每一針都是先回針，然後再前進，這做法和全回針縫是相同的。不過，半回針縫倒回的不是一個針眼長，而是半針的針距。

①從正面起第一針。

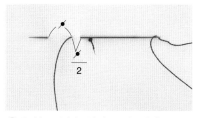

②在第一針起針處和出針處的中間入第二針，在背面前進1.5針針距後出針。

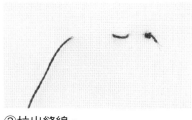

③拉出縫線。

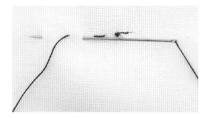

④重複2至3次。

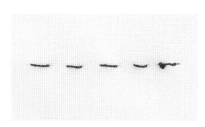

⑤完成。

藏針縫

常用於裙下襬或褲管的褶邊。並非縫份的鎖邊，而是內側的挑縫固定。此手縫法的重點在於：每次只挑一根紗，避免造成太強的牽引力，同時使衣料表面不顯露針跡。

背面　　　　　正面

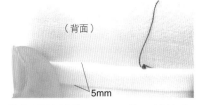

①翻開縫份約5mm，挑一針拉出針線。

②僅挑起表布上的一根紗。

③再讓縫針從翻開縫份的背面挑出。

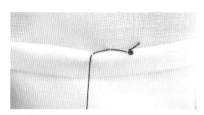

④重複2至3次。

周邊縫

適合於褲管或腰帶褶邊或滾邊的縫法。手縫時，每針之間的間距宜控制在4至5mm左右。

背面　　　　　正面

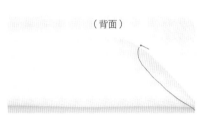

①縫針從縫份的背面穿出。

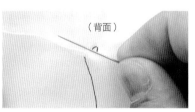

②在正上方挑起表布的一根紗。

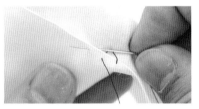

③縫針挑紗後前移4至5mm，從縫份的背面穿出。反覆此動作。

千鳥縫

又稱「交叉縫」，常用於固定布邊。千鳥縫通常是從左至右運針。

背面　　　　　正面

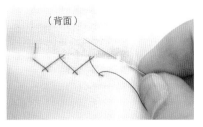

①縫針從縫份的背面穿出，在右上方挑起表布的2至3根紗。

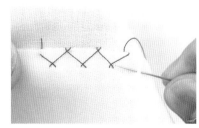

②再在右下方的縫份上挑一針。反覆此動作。

縫製鈕釦

每次穿脫衣物時，衣物上的鈕釦都會受力，所以，如果鈕釦縫得不牢，就很容易鬆脫或掉落。使用正確的方法，讓自己縫的鈕釦變得牢固又好釦。

介紹四孔釦・雙孔釦

四孔釦 最常見的鈕釦類型。縫鈕釦時，可採用兩排縫線平行或十字交叉的縫製方法。

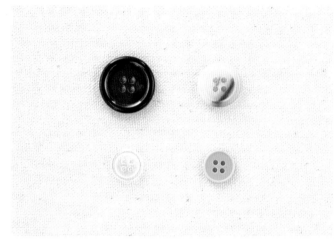

雙孔釦 釦面上有兩個孔的鈕釦。常用於襯衫……只需要花一點點的時間就能縫好。

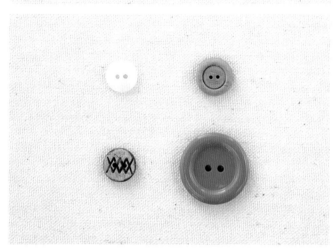

鈕釦線

縫鈕釦時通常使用鈕釦線或釦眼線。兩者均比手縫線要粗，所以，只用一條也可縫得很牢固。盡量選用與鈕釦同色或顏色相近的鈕釦線或釦眼線。

縫製四孔釦的方法
介紹常用的四孔釦的縫法。

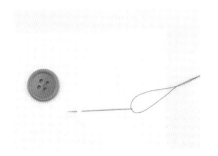

①在縫鈕釦位置的中心處挑一針。

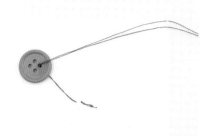

②縫針從鈕釦背面向外穿出。

③縫針從穿出孔旁邊的孔中穿入,再穿入下面的衣料。

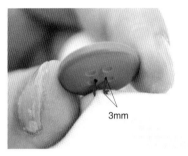

3mm

④於衣料下方拉縫線時,在鈕釦和衣料之間預留3mm的間隙。

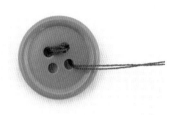

⑤縫線鬆鬆地在兩個孔中間進出3至4次後,以同樣的方法在另外兩個孔中穿線。

⑥用縫線將鈕釦與衣料之間的縫線束從上到下纏繞3至4圈。

⑦繞最後一圈時,讓縫針從線圈中穿過。

⑧稍稍用力拉緊縫線圈。

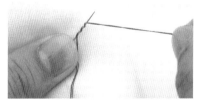

⑨縫針從衣料背面穿出,打好止縫結。

十字交叉固定法
縫線用十字交叉的方法縫四孔釦也很漂亮,此縫法多用於縫製裝飾性鈕釦。

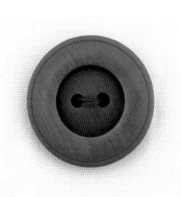

雙孔釦的縫法
和縫四孔釦一樣,穿線後在線腳處纏線圈加以固定,最後打結。

帶腳鈕釦

帶腳鈕釦是指鈕釦背面有可穿過縫線的小孔的鈕釦，式樣豐富。

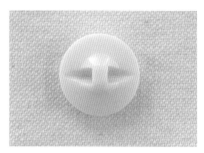

此類「腿腳」並不明顯的鈕釦也屬於帶腳鈕釦。

縫製帶腳鈕釦的方法

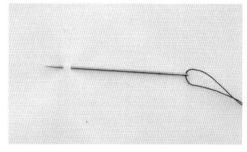

①在縫鈕釦位置的中心處挑一針。

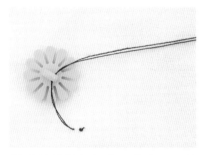

②讓縫針從鈕釦背面的小孔中穿出。

③在最初入針的位置入針。

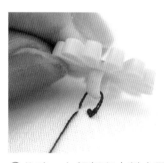

④此時，在鈕釦和衣料之間預留1mm的間隙。

⑤重複步驟②至③2至3次，用縫線將鈕釦與布料之間的縫線束纏繞1至2圈。

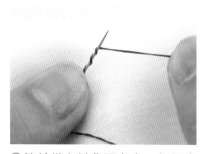

⑥縫針從布料背面穿出，打好止縫結。

縫製完成。

14

動手製作布鈕釦

只要稍稍加工就可以製作出精美的布鈕釦！用喜愛的碎布片，或與衣服相同的布料來製作屬於自己的原創布鈕釦吧！

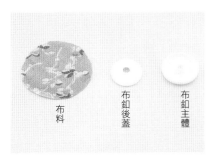

①剪出鈕釦直徑兩倍的圓片布料。

②預留5mm縫份，繞圓片邊緣平針縫一周（請參照第9頁）。

③將布鈕釦主體放在圓形布片中間，稍稍用力將邊緣縫份朝中間牽引，收尾打結，剪斷縫線。

④將後蓋嵌入布鈕釦主體。

⑤製作完成。

布鈕釦套件

用小布片包裹，再押上後蓋，簡簡單單就完成。布鈕釦配件有多種尺寸和種類。

提供= CLOVER株式會社

用手縫線縫製鈕釦

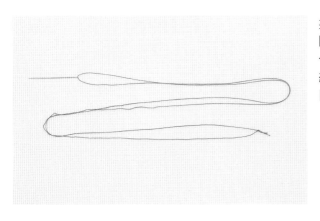

如果沒有鈕釦線或釦眼線，可以用手縫線代替。但必須用兩條縫線以確保縫得牢固。

鉤釦的縫法

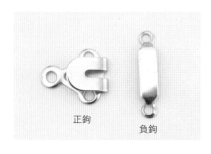

裙鉤

裙子、褲子等腰帶釦合處常使用裙鉤。由於此處長期受力，所以，必須縫得較牢固。正鉤（帶鉤的一邊）縫在疊合布片的上片，負鉤（被鉤的一邊）縫在疊合布片的下片。縫合時，先縫正鉤，再縫負鉤。

正鉤　　負鉤

①在衣料表面挑一針，牽拉縫線將始縫結拉入衣料夾層中。

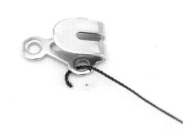

②縫線從鉤孔中穿出。

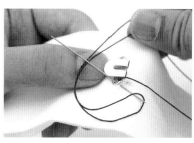

③縫針沿著鉤孔邊穿入布中，再從鉤孔中穿出，把線繞到針下。

④拉出針線後，有一個節狀結留在鉤孔的邊緣。

⑤重複步驟③至④，直到幾乎看不到鉤孔的金屬邊。

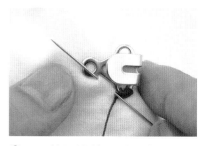

⑥不用剪斷縫線，針頭直接轉移到相鄰的鉤孔。

⑦按照同樣的方法縫合好正鉤上的三個鉤孔。

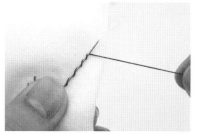

⑧縫針從布料背面穿出，打一個止縫結。

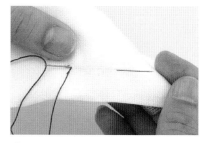

⑨在止縫結位置落針，再從稍遠的旁側出針。

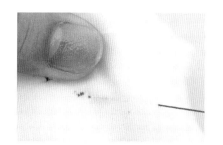

⑩牽拉縫線，將止縫結拉入衣料夾層，剪掉多餘縫線。

⑪完成。

⑫負鉤也以同樣的方法縫合。

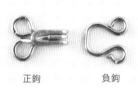

正鉤　　　負鉤

領鉤

比裙鉤更小，多用於連衣裙釦合以及拉鏈的上端等。

①用裙鉤縫法步驟①至⑥的方法縫合。

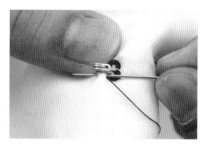

②縫線從正鉤前端的側面穿出。

③縫線纏繞正鉤前端2至3次，縫牢。

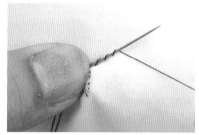

④縫針從布料背面穿出，打一個止縫結。

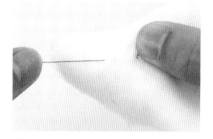

⑤在止縫結位置落針，再從稍遠的旁側出針。牽拉縫線，將止縫結拉入布料夾層，剪掉多餘縫線。

⑥正鉤縫合完成。

⑦負鉤也以相同的方法縫合。

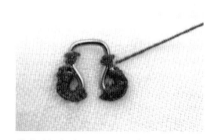

⑧負鉤前端也要用縫線纏繞縫牢。

⑨負鉤縫合完成。

暗釦的縫法

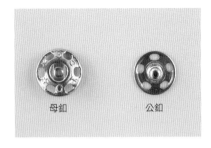

母釦　　　公釦

暗釦

能輕鬆地打開與合攏暗釦。暗釦分公釦（凸面）與母釦（凹面）各一枚，公釦須縫在開口處上面貼邊的適當位置，母釦則縫於與之相對的下面疊合處。

Tips

先縫公釦，縫好後對準下面疊合處壓出一個痕跡，再以壓痕為中心縫合母釦，這樣縫出來的公母釦就不會發生位置偏移的困擾了。

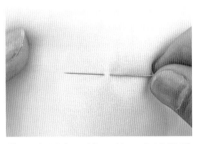

①在衣料表面挑一針，牽拉縫線將始縫結拉入布料夾層中。

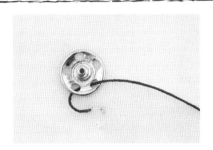

②縫線從公釦孔中穿出。

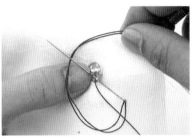

③縫針沿著釦孔邊穿入布中，再從釦孔中穿出，把線繞到針下。

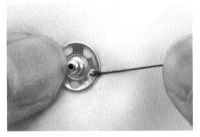

④拉出針線後，有一個節狀結留在釦孔的邊緣。

⑤重複步驟③至④，不用剪斷縫線，依序縫妥所有的釦孔。

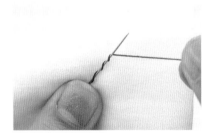

⑥縫針從布料背面穿出，打一個止縫結。

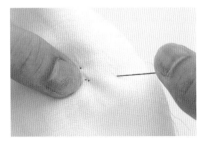

⑦在止縫結位置落針，再從稍遠的旁側出針。牽拉縫線，將止縫結拉入布料夾層。

⑧公釦縫合完成。

⑨母釦也以同樣的方法縫合。

安裝四合釦的方法

用途和暗釦相同，但四合釦無需使用針和線，只需用專用的小鐵錘敲擊衝子就能輕鬆安裝。雖沒有特別的規定安裝位置，但大部分是公釦在下，母釦在上。

材料與工具

公釦　　母釦　　衝子

四合釦套件
若套件中附有小鐵錘，是最方便的組合。公釦、母釦的底托不同，安裝時不要弄錯了。

提供= CLOVER株式會社

需準備的物品
敲打衝子的小鐵錘是必不可少的。此外，為了避免損傷地板和桌面，需準備一個堅硬、穩固的底板作為操作臺。

正面

①母釦的底托刺出布料由背面向外穿出。

背面

②步驟①的背面。

③將母釦蓋在底托上。

④衝子置於母釦上方，再用小鐵錘向下敲擊衝子。

⑤不要太過用力，否則母釦會變形。

⑥以相同的方法安裝公釦。

⑦步驟⑤的背面。

News

拉鏈釦

附著暗釦的細長帶子。用手縫製暗釦費時又費力，若改用拉鏈釦，只需用縫紉機將帶子兩邊車縫好，非常方便。尤其適用於兒童和老年人服裝。

公釦

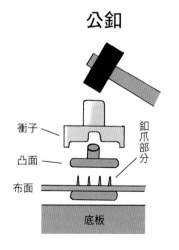

衝子
釦爪部分
凸面
布面
底板

母釦

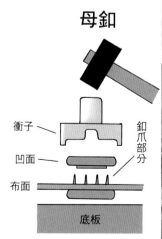

衝子
釦爪部分
凹面
布面
底板

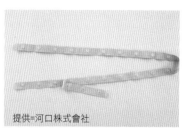

提供=河口株式會社

認識縫紉機

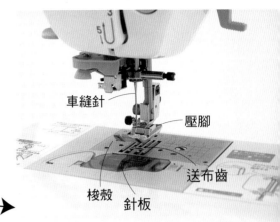

車縫針
壓腳
送布齒
梭殼　針板

🐌 縫紉機各部分的名稱

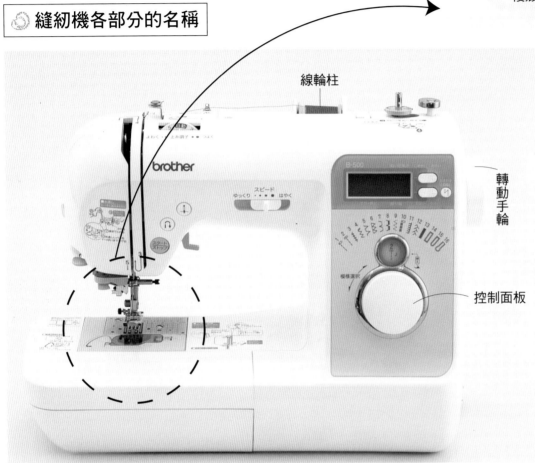

線輪柱

轉動手輪

控制面板

拉鍊壓腳　　隱形拉鍊壓腳

踏板操控送布齒

用踏板操控送布齒時，雙手可自由地做其他事，讓操作縫紉機變得更加愉快、簡單。藉由腳改變踩踏板的力量大小來調節送布和縫紉速度，特別適合初學者使用。購買縫紉機之前，最好先確認所購機型是否具有該項選配附件。

梭芯

縫紉機的附屬配件，用於纏繞底線，有塑膠材質、金屬材質的。可多買幾個備用，在更換縫線時會很方便。不同的縫紉機往往使用不同的卷線方法，因此，必須事先認真閱讀使用說明書。

壓腳

壓腳也叫壓布腳，有很多類型，根據使用目的而選擇不同的壓腳。例如：加拉鏈時就使用拉鍊壓腳，而縫合隱形拉鏈時則使用隱形拉鍊壓腳。此外，想要車出漂亮整齊的針腳時，可使用像2mm壓腳等特殊壓腳。

提供=Brother販賣株式會社

縫紉機的使用方法

手的放法

車縫時雙手最基本的放法。不要太用力，能配合縫紉機的動作即可。

開始車縫

①抬起壓腳和車縫針，重疊好衣料，在開始縫合的地方落針。

②放下壓腳。

③開始車縫。

回縫

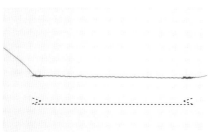

為了防止針腳脫線，在車縫開始和收尾的地方，需要在同一位置往復車縫2至3針。這就叫「回縫」。

🌀 選擇縫紉機的重點

在購買時面對著大小、功能各異的縫紉機，可能會不知道該選擇哪一台。但最低限度必須要能完成直線車縫和鋸齒形車縫。只要縫紉機具備這兩項功能，就能夠應付日常所需了。若是購買入門級的縫紉機，最好選擇配有踏板操控送布齒的機型，它不僅在縫紉時完全解放您的雙手，還能夠透過改變腳踩力量的大小控制縫紉速度。此外，具有自由臂（Free arm）的縫紉機在車縫袖口等筒狀部位時非常方便。除了最基本的功能，再依據日常生活所需使用到的功能做增加。若附近有手工藝品店或縫紉機店，最好能在店中實際操作一下，會比較容易選購到用來順手的機器。

🌀 該在何處購買縫紉機

縫紉機在百貨公司、手工藝品店、縫紉機店、家電量販店等都有銷售，但購買前必須先確認商家是否有保固、周到的售後服務。只要使用、維護得當，一台縫紉機可以用上好幾十年。

調節縫線

不同的縫紉機，其縫線的調節方法也各不相同。有的只需要調節面線，有的則需要同時調節面線和底線。實際的操作方法在使用說明書中一定有詳細闡述，所以，使用前請仔細閱讀。並且必須掌握正確的梭芯繞線方法，否則，面線和底線的配合很容易出問題。繞線時儘量讓線保持平行。

判斷縫線的鬆緊

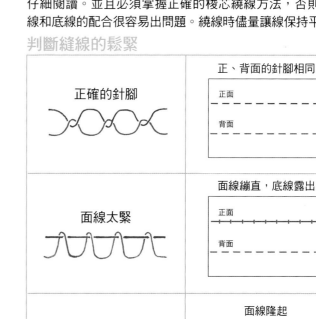

	正、背面的針腳相同
正確的針腳	正面 背面
面線太緊	面線繃直，底線露出 正面 背面
面線太鬆	面線隆起 正面 背面

轉角的車法

車縫轉角的小技巧——
只要掌握技巧，不管什麼角度的轉角都能車得很漂亮！

①車縫至轉角處，縫針不動，僅抬起壓腳。

②轉動布料至想要車縫的角度。

③放下壓腳，繼續車縫。

拷克（車布邊）

拷克即鋸齒形車縫。主要用來防止布料邊緣出現鬆開、脫線之情形。

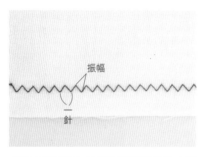

①控制面板上的指針轉到拷克（車布邊、鋸齒縫）選項，設好鋸齒振幅和針腳間距之後開始車縫。

②裁斷布料，但是不要剪斷車縫線。

疏縫（粗針腳車縫）

加衣褶和加拉鏈時會使用的縫法。將控制面板上的指針旋到最大針腳間距，再車縫。

普通的針腳
疏針針腳

加衣褶的情形

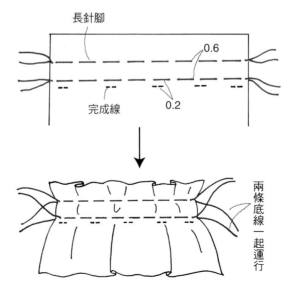

長針腳
0.6
完成線
0.2
兩條底線一起運行

加拉鏈的情形

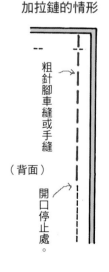

粗針腳車縫或手縫
（背面）
開口停止處。

三次摺邊縫

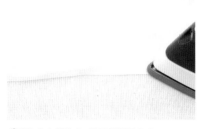  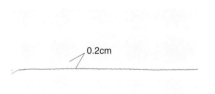

①沿衣料邊向背面摺疊0.5cm。　②沿完成線再次摺疊。　③在距步驟②的褶邊0.2cm處進行車縫。

三次摺端縫

①沿衣料邊向背面摺疊1cm。　②再摺疊1cm。　③在距步驟②的褶邊0.2cm處進行車縫。　④完成後的三次摺端。

縫紉機常見的故障原因

故障現象	原因	故障現象	原因
運轉不順暢	●機油耗盡了。 ●梭殼上塞有線頭、布屑。	針腳不齊	●面線和底線鬆緊不一致。 ●壓腳與衣料之間的壓力不恰當。
面線斷線	●面線太緊。 ●面線的穿線方向錯誤。	跳線	●針頭磨損。 ●壓腳的壓力太弱。
底線斷線	●底線太緊。 ●底線纏繞在梭殼上。	針腳縐縮	●面線底線繃太緊。 ●送布齒太過突出。

對摺窩邊縫

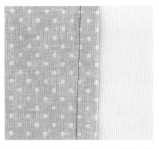

①將兩塊布料正面朝內並重疊在一起，再沿邊距1.3cm的位置進行車縫。

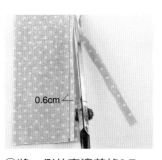

②將一側的窩邊剪掉0.7cm。

③將較寬的窩邊疊過來，使其包住較窄的窩邊。

④用熨斗將褶痕處燙平。

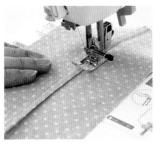

⑤邊沿距0.1cm的位置進行車縫。

⑥背面。

⑦正面。

Tips

對摺窩邊縫是手工縫製嬰兒內衣時常用的縫合法。其優點是穿著舒適，對皮膚無刺激。

袋縫

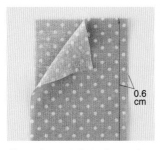

①兩塊布料背對背地重疊在一起，再沿邊距0.6cm的位置進行車縫。

②用熨斗將窩邊熨燙平整，並使其向左右兩邊鋪開。

③沿著接縫將布料正面朝內地對摺。

④沿邊距0.8cm的位置進行車縫。

⑤用熨斗將窩邊處熨燙平整並使其倒向一邊。

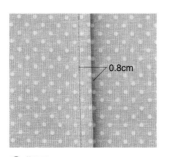

⑥背面。

⑦正面。

雙布邊縫

①兩塊布料正面朝內地重疊在一起，並沿邊距1.3cm的位置進行車縫，再將兩窩邊向左右兩邊鋪開。

②兩側的窩邊向背面摺疊0.5cm。

③距褶邊0.2cm的位置進行車縫。

④背面。

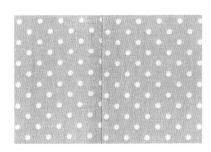

⑤正面。

針腳固定器的使用方法

想要車出美觀、整齊的針腳時，可使用縫紉小助手「針腳固定器」。藉由調節螺絲調整針腳與固定器之間的寬度，固定器與衣料的邊完美吻合，即可輕鬆車出筆直、美觀的針腳。

針腳固定器

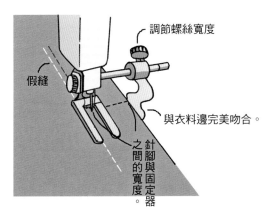

調節螺絲寬度

假縫

與衣料邊完美吻合。

針腳與固定器之間的寬度。

鋸齒剪刀

鋸齒剪刀的雙刃呈鋸齒狀，能將衣料等剪出鋸齒狀的切口。適用於防止衣料綻開、脫線及布邊處理。

提供=河口株式會社

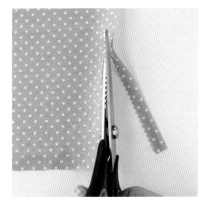

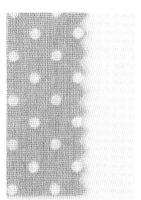

認識熨斗

記住，每次縫製完畢，都要對作品進行細心的熨燙。
適時地對針腳及窩邊處進行熨燙，效果會更好。

熨斗
強力推薦只需按下按鈕，就可以在蒸汽
燙與乾燙間切換的簡便式熨斗。選擇一
款配有安全裝置、長期開著也不會燙壞
衣服的好熨斗吧！

提供=T-fal集團日本販賣株式會社

熨斗清潔劑

熨斗長時間使用後，表面上多多
少少都會黏上一些燙焦的異物或
布襯的黏膠，使平滑的熨燙手感
變差。因此，需要使用熨斗清潔
劑對熨斗進行定期的清潔和保養。

提供=河口株式會社

燙衣板
推薦不占位置、沒有支腳的長方形燙衣板。

墊布
直接對毛料或聚酯纖維等衣料進行熨燙，會把衣
料表面燙得光溜溜的。為避免發生這種情況，可
在衣料上墊上一層平紋棉布或手巾後再熨燙。

噴霧器
即使是沒有蒸汽熨燙功能的熨斗，也可噴上水霧
後再熨燙，這樣會燙得更平整。來選擇一個噴得
非常均勻的噴霧器吧！

提供=河口株式會社

用身邊的廢舊物品自製燙衣板

花費一點點時間來製作一個簡單的燙衣板吧！
只要再次利用廢舊的毛毯、T恤就可以了喔！

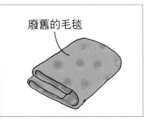

①疊好廢舊的毛毯。若毛
毯太大，可裁成適當的大
小後再摺疊。

②將疊好的毛毯塞進舊的
T恤裡。

③把塞有毛毯的T恤表面
理平整，就可以當做燙衣
板用了。

基本的熨燙方法

將針腳熨燙平整

車縫後，衣料受縫線的牽扯，針腳處有些綯褶，請用熨斗把它燙平整。

①車縫後如果不熨燙，針腳處的布料就會有些小小的綯褶。

②小心熨燙針腳。

③針腳處變得漂亮、平整了。

熨開縫份

將接縫處完全燙平，讓縫份向左右兩邊平鋪開。通常又將此步驟稱之為「平縫份」。先將針腳處熨燙平整後再進行右邊的作業。

①用食指和中指將縫份輕輕壓住，同時用熨斗將其向左右兩邊熨燙。

②縫份被完全被鋪平了。

倒縫份

將縫份倒向某一邊的熨燙方法。針腳需要藏在裡面等情形時使用該方法。不能直接倒縫份，要先「平縫份」後再倒縫份，熨燙效果會更漂亮、更平整。

背面

①平縫份（熨開縫份）。

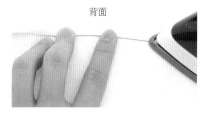

背面

②一邊用手指按住，一邊用熨斗將縫份從接縫處倒向另一邊。

③背面。

正確的倒縫份
○
正面

由於有先做「平縫份」步驟，所以，從正面看也非常漂亮。

錯誤的倒縫份
×
正面

若沒做「平縫份」，由正面看針腳就會若隱若現，不整齊、不美觀。

熨燙內弧形縫份的方法

弧形窩邊熨燙平整的難度較大。因此，熨燙前需要在弧形處剪幾個牙口。

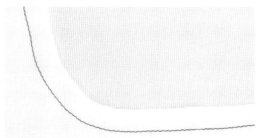

①弧形處進行車縫。

②在弧形處剪幾個牙口。牙口和車縫針腳的距離約0.2cm左右。

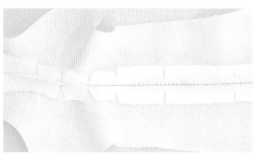

③用熨斗將縫份稍稍燙開。

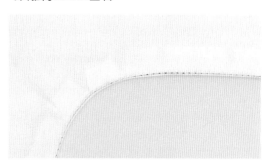

④再翻過來熨燙正面，燙出平整的外形。

熨燙外弧形縫份的方法

處理外弧形窩邊時，也同樣需要在熨燙前剪幾個牙口。

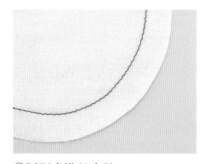

①弧形處進行車縫。

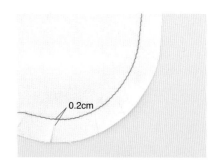

②在外弧形處剪幾個牙口。牙口和車縫針腳的距離約0.2cm左右。

③用熨斗將縫份稍稍燙開。

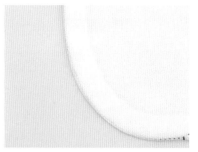

④再翻過來熨燙正面，燙出平整的外形。

哇！這怎麼辦呢？

疑難排解

只要花點錢，您就可請服裝店依照需求來翻新和修改您的衣服，其實您也可以自己動手試試看本書中介紹了幾種簡易且快捷的修改做法，即使沒有專門的裁縫知識，也能簡單掌握這些小方法。請務必將這些小竅門運用在您快樂地生活之中！

褲腰處的鬆緊帶變鬆了！

褲子穿了幾年後，加上洗滌時的受力，褲腰處的鬆緊帶難免會變鬆。想要更換時，卻又苦於找不到鬆緊帶的出入口；再加上手邊也沒有穿引鬆緊帶的專用工具，怎麼辦呢？請好好利用書中所介紹簡單又快捷的更換方法吧！

所需時間 10 至 20 分鐘

使用別針更換鬆緊帶的方法

①用剪刀的尖部挑斷車縫線，再剪開一個小開口。

②從小開口裡拉出鬆緊帶。

③剪斷鬆緊帶。

新鬆緊帶

④用安全別針將新鬆緊帶和變鬆的舊鬆緊帶別在一起。

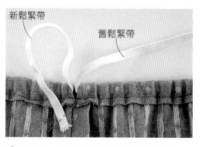

新鬆緊帶
舊鬆緊帶

⑤從另一側將舊鬆緊帶往外拉。此時，為了避免新鬆緊帶的末端被拉入褲腰裡，可用珠針將其固定在布料的周圍處。

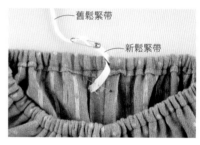

舊鬆緊帶
新鬆緊帶

⑥將舊鬆緊帶完全拉出。

⑦取下安全別針和舊鬆緊帶。再將新鬆緊帶的兩端疊合在一起細針縫。若打成圓滾滾的結，腰處會不舒服，且一拉一鬆也容易鬆開。

⑧將步驟①剪開的小開口用細針縫補上。

⑨完成。

※此處使用的是色彩對比度明顯的手縫線。但實際縫合時，請使用與布料同色或顏色相近的手縫線。

若是更換褲腰處的鬆緊帶，長度以腰圍的90%左右為宜。不過，喜好的鬆緊程度也因人而異，所以，可以先穿一條長長的鬆緊帶在褲腰處不剪斷，待試穿後再確定鬆緊帶的長度。在剪斷多餘的鬆緊帶時，要多預留1cm（縫合兩端時的縫份）。

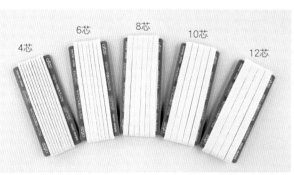

提供=CLOVER株式會社

鬆緊帶的種類
扁平鬆緊帶的寬度單位用「芯」來計量。數字越小時，表鬆緊帶越窄、伸縮率越大。6芯鬆緊帶寬度大約是5毫米。可依需求選用不同粗細的鬆緊帶。

方便穿引鬆緊帶的小工具

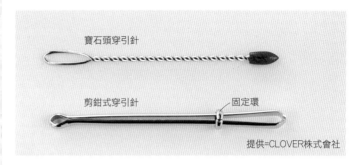

提供=CLOVER株式會社

剪鉗式穿引針的使用方法

鬆開固定套環，將鬆緊帶置於夾於兩鉗口之間，再用固定環固定住。

寶石頭穿線針的使用方法

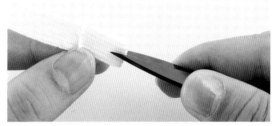

① 在鬆緊帶一端的中心處剪一個小開口。

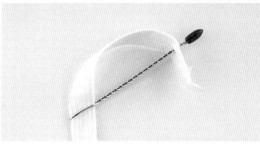

② 將寶石頭從鬆緊帶的小開口裡穿過去。再將鬆緊帶的另一邊從穿引針尾端的孔裡穿過去。

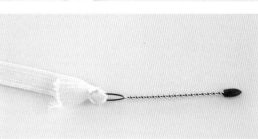

③ 抽出寶石針針頭，再用力拉鬆緊帶的另一端，直到將其牢牢固定住。

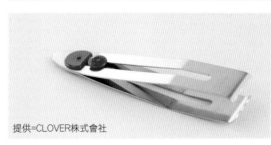

寬幅鬆緊帶的穿引工具
穿引較寬的鬆緊帶或帶狀物品時使用。

提供=CLOVER株式會社

哇！縫姓名標籤居然有這麼多好方法！！

媽媽們要在小寶貝入學前將所有物品都標上他的大名。若偷懶直接用筆寫，會顯得既單調又無趣。所以，來花一點心思挑選一個市售的可愛姓名貼或姓名標籤吧！

所需時間：5分鐘～

縫製型（將姓名標籤縫在衣物上）

①準備好縫製型姓名標籤。

②將姓名標籤的兩端向背面摺疊。

③沿褶痕將姓名標籤鎖縫在衣物上。若是需要用力洗滌的衣物，四邊都要進行鎖縫。

黏貼型（熨貼型）

①準備好黏貼型姓名標籤。

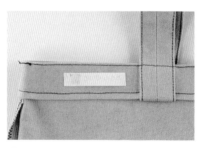

②將姓名標籤放在需要黏貼處，注意使用時黏接面朝下。

③用熨斗熨燙。

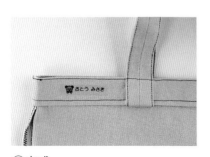

④待冷卻後撕掉表面的貼紙。

⑤完成。

News

縫製型姓名標籤

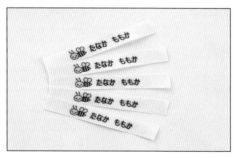

只需將兩端一摺，再縫上去就OK！
各種小插圖可與姓名自由組合搭配。
最低定製量30枚以上。
提供=neo.japan株式會社

熨貼型姓名貼

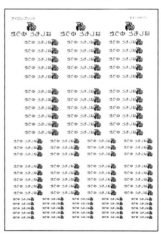

只需用熨斗一燙，即可將姓名燙印在衣物上！即使反覆洗滌也不會脫落喔！熨貼型姓名貼還可印在襪子、手帕等小物上。每張有93小枚，每用一枚再剪一枚，非常方便。共配有12種插圖。
提供=neo.japan株式會社

Tips

為了避免自家寶貝的姓名被外人知曉，所以在校外使用的物品和校外穿的衣服，姓名標籤必須要縫在較隱祕位置。此外，由於年齡較小的小朋友們還不識字，所以在姓名標貼上最好附上插圖。把所有物品的名字標籤都用同樣的插圖，則有助於小朋友們識別自己的物品。

手工製作
更有個性、更顯水準！
專屬的個人品牌姓名標貼

⟲ News

姓名貼貼紙

姓名貼貼紙共有5種尺寸，大小物品都可貼，非常方便。

撕下來往物品上一貼就完成！即使用水沖洗，文字也不會被洗掉，耐久性相當好。可貼在便當盒、文具盒等小物品上。每帖91小枚，有黑、紅、藍、綠四種文字顏色。
提供=neo.japan株式會社

縫在圍裙上

縫在手袋上

縫在布製玩偶或布娃娃上

縫在各種自製小物品上

裙襬要是再短一點就好了！

隨著時尚潮流的變化，有時想要把舊裙子的下襬改短一些。只要將這些裙子經過這小小的修改，立刻讓沉睡在衣櫃中的舊款裙子恢復昔日的時尚活力了！

Before

After

所需時間 30 至 60 分鐘

將裙襬不太大的裙子改短

①將裙子翻過來，在自己喜愛的長度處畫一條橫線。

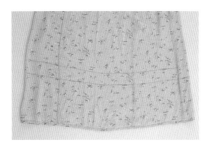

②在步驟①橫線之下5cm處再畫一條線，兩條線之間的布料將用於裙襬的褶邊。

③沿著步驟②的畫線，用剪刀剪下多餘的布料。

④裙邊進行拷克（車布邊）處理。

摺疊

⑤沿著步驟①的畫線摺疊裙邊，並用熨斗將褶邊燙平。

⑥將裙邊假縫固定。

⑦用藏針縫法（參照第11頁）將褶邊挑縫固定。

「假縫」的方法

在車縫或用藏針縫法鎖縫之前，用縫線將布料固定的步驟叫做「假縫」。假縫固定應錯開完成線、在褶邊側進行是該步驟的關鍵所在。

①落第一針。

②以2至3cm的針腳再縫一針。

③按平行於褶邊的方向向前推進，直到將整個褶邊固定住。

將裙襬較大的裙子改短

Before

After

完成線

褶邊用衣料。

①將裙子翻過來，在喜愛的長度處畫一條橫線。在其下3cm處再畫一條橫線，這3cm將用於裙襬的褶邊。

②剪掉多餘的裙邊。

③用拷克（車布邊）對裁剪後的裙邊進行鎖邊處理。

④在步驟③的拷克(車布邊)針腳旁邊再疏縫一周。

⑤剪斷車縫線，並留下較長的線頭。

⑥用力拉面線或底線。

⑦向背面摺疊裙邊時，由於褶邊要長一些，所以需要邊摺邊拉縫線，以免最後剩下一段。

⑧用熨斗將褶邊熨燙平整。

⑨將褶邊假縫固定。

⑩用藏針縫手法（參照第11頁）將裙邊挑縫固定，要細縫。

※此處使用的是色彩對比度明顯的縫線。但實際縫合時，請使用與衣料同色或顏色相近的縫線。

買回來的褲子太長了…

是不是一直都認為，改短褲腳是需要委託專業的裁縫師呢？其實，
只要肯動手，誰都可以做到的，就從修改家居褲開始吧！

所需時間 30 分鐘～

用縫紉機改短褲腳 （適用於牛仔褲、純棉長褲）

Before　　After

①在自己喜愛的長度處畫一道記
號線。在其下3cm處再畫一道記
號線。

②沿著橫線剪掉多餘的褲管。

③另一隻褲管也剪成一樣長。

④將褲管邊向內摺疊，使布料邊
沿與完成線相吻合。

⑤再沿著完成線向內摺疊。（形成
三次摺邊）

⑥為避免摺邊鬆開或移位，可用
珠針或假縫的方式將其固定住。

※此處使用的是色彩對比度明顯的車
縫線。但實際操作時，請使用與衣料
同色或顏色相近的車縫線。

⑦在距摺邊0.2cm的位置用縫紉機
車縫。

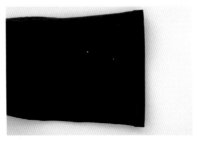

⑧完成。

用專用膠帶輕鬆改褲腳

所需時間 5 至 30 分鐘

①剪掉多餘的褲管，在自己喜愛的長度處向內摺疊。

②在褲腳處纏一圈改褲腳的專用膠帶。

③褶邊的布邊處於膠帶正中央為宜，再用熨斗熨燙使其黏貼。

改短褲腳專用膠帶

1cm

④完成。

⑤整齊又漂亮的正面。

※此處使用的是色彩對比度明顯的白色膠帶。但實際操作時，請使用與衣料同色系的專用膠帶。

改短褲腳專用膠帶
改短褲腳專用膠帶有各種各樣的顏色和尺寸，可依照衣料的顏色和寬度……選擇適合自己的產品。還可用於裙邊脫線時的應急處理。

提供＝河口株式會社

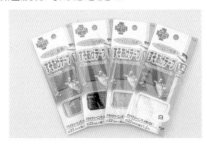

糟糕！脫線了…

在不知不覺中，衣服就脫線了。此時，只要將縫線斷開處，再縫上就OK了。若是線縫處的衣料破損時就要考慮使用縫補方案了。

針織衣物的脇邊脫線

所需時間 5 至 10 分鐘

開襟衫接縫處縫合與縫份邊緣的鎖邊是同時進行的，只要有一處脫線就會導致其他地方跟著脫線。所以，要趁開口還小時趕緊縫補。

①衣服翻到背面。

②沿著舊針腳用半回針縫縫補。注意，縫合需從脫線口右側1cm左右處開始。

③脇邊完全縫補好。

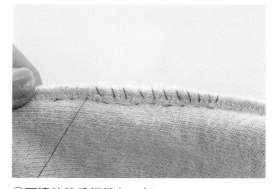

④兩邊的縫份鎖縫在一起。

※此處使用的是色彩對比度明顯的手縫線。但實際縫合時，請使用與布料同色或顏色相近的手縫線。

褲子的臀部處破洞了

此處是受力較大的部位，因此特別容易脫線。
那就把它縫補得結實些吧！

Before

After

所需時間 15 分鐘～

①用熨斗將縫份處的布邊燙平整。

②沿著舊針腳痕跡將開縫的兩邊車縫在一起。裂縫的兩端處多車縫1cm左右。

③車縫完成。若只縫製一次不夠結實，可以再車縫一次。

襯衫的袖子接縫處或過肩處開口了

襯衫的袖子接縫處或過肩等車縫又鎖縫的部位脫線後，往往看不見原來針腳的痕跡，所以要儘量細密地鎖縫。

 →  →

吃完飯後褲腰就有點緊……

負鉤部分帶有三個鉤眼的可調節型鉤釦。不過，即使是用這樣的鉤釦，可調的尺寸也不會超過3cm。若要做更大範圍的調整，就得去專門的裁縫店。

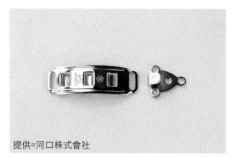

可調三種尺寸的鉤釦

提供=河口株式會社

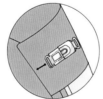

所需時間 30 至 40 分鐘

①將帶有三個鉤眼的負鉤縫在疊合布片的下片（縫法參照16頁）。

②鉤在最左處鉤眼上的情形。

③鉤在最右處鉤眼上的情形。

💧 News

伸縮自如的鉤釦

負鉤（被鉤的一邊）上裝有彈簧，可隨著腰圍的大小變化而伸縮。縫製這種伸縮鉤釦時，應將負鉤縫在重合布片的上片。也就是，與一般的縫法恰好相反。

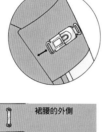

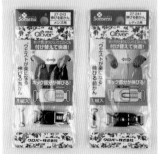

提供=CLOVER株式會社

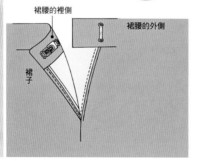

裙腰的裡側

裙腰的外側

裙子

💧 褲腰太鬆的情形

如果使用的鉤釦，就將負鉤向內側（讓褲腰變小的位置）移動（縫法參照16頁）。若鈕釦的情形也可按同樣的方法修改。但為了不影響拉鏈的拉合，挪動範圍最好在3cm以內。

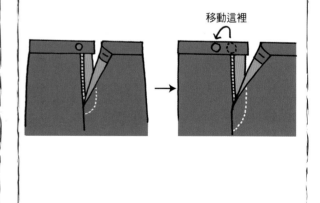

移動這裡

※此處使用的是色彩對比度明顯的手縫線。但實際縫合時，請使用與衣料同色或顏色相近的手縫線。

這顆釦子總是容易鬆開——

這種情況在針織的衣物中比較常見。由於反覆扣上、解開的動作讓鈕釦處的衣料慢慢變得鬆弛且沒有彈性了。這個問題其實很容易解決哦！

啊？
又鬆開了！

所需時間 5 分鐘～

Before

After

①變大後的釦眼。

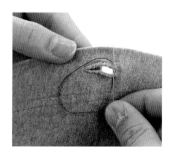

②釦眼下側用手縫線鎖縫。

③縫完一針後，緊挨著再縫一針。重複2至3次。

④直到釦眼變小。

如何決定釦眼的大小

鈕釦的形狀、大小各有不同，其所需的釦眼長度也不一樣。一般而言，「釦眼的長度」＝「鈕釦的直徑」＋「鈕釦的厚度」。若使用非圓形的鈕釦，就將其最長處的尺寸作為直徑來計算。

橫釦眼的情形
所謂橫釦眼，就是開口方向與鈕釦的連線相互垂直的釦眼。鈕釦縫好後，會有一個線腳。所以，釦眼的中心應向內移一些，帶鈕釦釦好後，加上線腳的長度，鈕釦就恰好位於理想的中心位置。

縱釦眼的情形
所謂縱釦眼，就是在鈕釦的連線上開啟的釦眼。開啟縱釦眼時，同樣需要考慮到縫鈕釦時留下的線腳。因為，鈕釦扣好後，線腳會往下滑。所以，縱釦眼的中心應適當向上移一些。

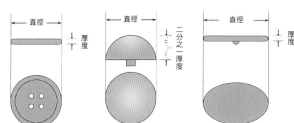

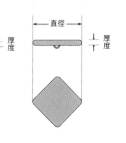

鈕釦縫好後的線腳
讓出0.2至0.3cm

釦眼的大小

前中心

前中心

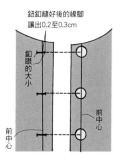

鈕釦縫好後的線腳
讓出0.2至0.3cm

釦眼的大小

前中心

前中心

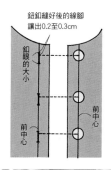

當裙子穿起來不好走路，想個法子改善一下吧！

在脇邊或後中心縫份處開個衩口，就可以輕快自如地走路了。

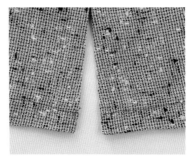

所需時間 20 分鐘

裙衩開口停止處

①將後中心線裙邊縫線拆開10cm左右。

②在裙衩開口的頂端做個記號。

裙衩開口停止處

③用小剪刀或拆線器拆開，從裙邊到裙衩開口處的止縫處縫線。

④用熨斗將1cm的襯布燙貼在裙衩開口停止處。

⑤從開口處上方2cm左右的位置往下車縫，並在開口處進行回縫。

車縫停止處

⑥用熨斗將車縫處熨燙平整。

⑦用熨斗熨燙出裙衩的形狀。

⑧對裙衩的褶邊假縫固定。

⑨用藏針縫的手法（參照第11頁）將裙衩的褶邊鎖縫固定。

⑩車縫好褶開的裙邊。

⑪為防止裙衩底端鬆開翹起，需用藏針縫（參照第11頁）進行細針鎖縫。

Tips

拆縫線時，若用小剪刀不好拆時，改用專門的拆線器可以輕輕鬆鬆拆到底。

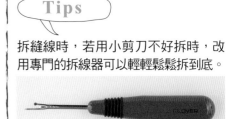

提供=CLOVER株式會社

爸爸最喜歡的領帶下端有點磨破了……

領帶的下端常會掃到皮帶釦，容易產生磨損。所以，將領帶改短1cm左右，不僅磨損處可以被完美地隱藏起來，還不會影響領帶的使用。

所需時間 20 至 30 分鐘

Before

After

①拆開領帶背面下端的縫線。

②裡布的縫線也拆開。

1cm

③依照原來的形狀將襯墊平行剪掉1cm左右。

④沿著襯墊的輪廓將表布向內摺疊，並用熨斗燙平。

⑤若有多餘的裡布，也依照原來的形狀平行剪掉1cm左右。

⑥將裡布置於表布的褶邊上，使其長度比表布短0.1cm，再假縫固定。

⑦以藏針縫進行細縫（參照11頁）。

⑧拆掉假縫線。

⑨對背面的疊合處稍加鎖縫。

※示例中使用的是色彩對比明顯的手縫線。但實際操作時，請使用與衣料同色或顏色相近的手縫線。

襯衫的袖口有點磨破了……

男士的長袖襯衫中最容易磨損的部位就是袖口和領口。
若只有袖口磨破了,那就乾脆把它改成短袖吧!

所需時間 30 至 60 分鐘

Before

After

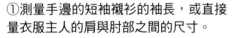

①測量手邊的短袖襯衫的袖長,或直接量衣服主人的肩與肘部之間的尺寸。

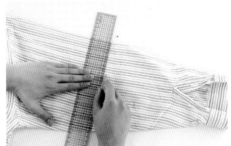

②以袖山處為起點測量袖長,並在袖口位置畫上記號。

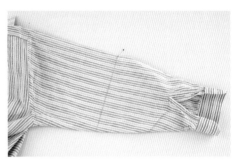

③畫上完成線。

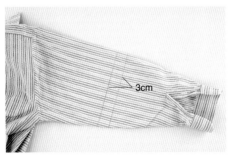

3cm

④在步驟③的完成線之下再畫出3cm的記號用於褶邊。

⑤沿著步驟④的畫線裁掉多餘的袖子。

⑥以同樣的尺寸裁掉另一隻袖子。

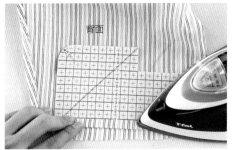

⑦將袖口向背面摺疊1cm。

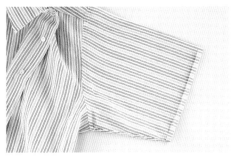

⑧褶邊1cm。

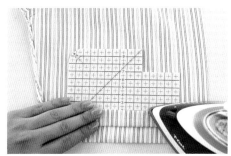

⑨再摺一個2cm的褶邊。

⑩褶邊完成後的樣子（三次摺邊）。

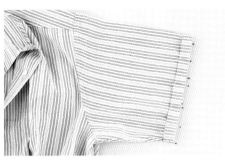

⑪用珠針將褶邊固定住避免散開和錯位。

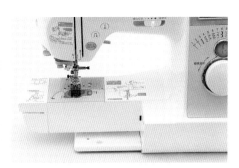

⑫收起縫紉機機台的底板。

⑬距褶邊0.2cm的位置進行車縫。

※示例中使用的是色彩對比明顯的車縫線。但實際操作時，請使用與布料同色或顏色相近的車縫線。

Tips

耐熨燙的方格尺
畫滿了邊長1cm小方格的方便尺規，夾在兩層衣料之間，可簡單量出褶邊的寬度。若沒對目標位置事先做好記號，方便尺規即可幫您輕鬆找到。其材質耐高溫，即使放在熨斗下熨燙也沒關係。使用它，就能輕易做出筆直、平整的褶邊。

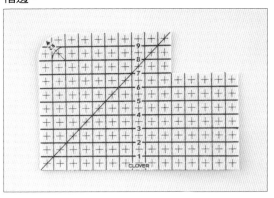

提供=CLOVER株式會社

洗過的純棉褲子縮水了怎麼辦？

純棉的褲子（尤其是牛仔褲）經過多次洗滌後，褲腳會縮水變短。即使是褲腳褶邊比較窄的褲子，也能加長2cm左右。除了褲子，也可用於想要加長、但褶邊又不夠寬的其他衣物。

Before

After

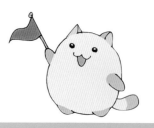

所需時間 40 至 60 分鐘

※為了讓示例看起來顯眼，此處特地使用了紅色的斜布條。但實際操作時，請使用與布料同色系的斜裁布條。

①拆開褲腳的縫線。

②熨燙褶邊處，使褶痕不明顯。

③把褲腳邊和斜布條正面對正面地疊合在一起，用珠針固定住。

④在距褲腳0.5cm處車縫一圈。

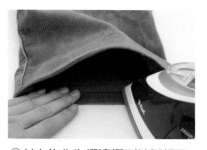

⑤斜布條作為褶邊摺到褲腳裡面。

⑥沿斜布條處車縫一圈。

News

相對於布紋（參照72頁）45度的角度叫做偏斜，偏斜裁下的帶狀布條叫做「斜紋布帶」。

對摺型
常用於領口、袖口、裙邊等部位的褶邊。使用時，先將斜布條摺在衣物的背面，再車縫固定。弧度較大時，用剪刀開幾個牙口後再摺邊，這樣才可以摺得更平整、更漂亮。

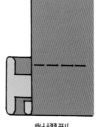

對摺型

包邊型
用於包邊或鑲邊裝飾。使用時，用斜布條將衣物的底邊包住形成一個鑲邊。

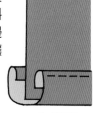

包邊型

將褲腳的雙褶邊改成普通的褶邊

把褲腳處的雙褶邊改成普通的褶邊，褲子的風格將隨之改變。同時，
原本有些磨損的舊褲腳邊也會煥然一新。真是一舉兩得啊！

所需時間 30 分鐘～

①拆除雙褶邊兩側的縫線。

②將褶邊翻開，用牙刷刷掉沉積在內部的灰塵。

③把褲子翻過來拆掉腳邊的縫線，再用熨斗熨燙平整。

④在完成線處畫一道記號，再留5cm的褶邊，並做好記號。

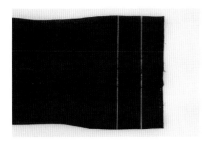

⑤裁掉多餘處。

⑥拷克布邊進行鎖邊處理。

⑦沿著完成線向上褶邊，再假縫固定。

⑧用藏針縫（參照11頁）鎖縫。

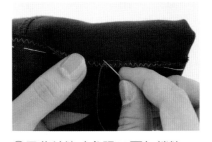

⑨拆掉假縫線。

※示例中使用的是色彩對比明顯的縫線。但實際操作時，請使用與衣料同色或顏色相近的縫線。

修改褲管的大小

由於脇邊和大腿內側的縫份較窄，褲腿只能放寬1至2cm。此外，放寬後還會露出以前的針腳。所以，不建議將褲腿放大。相反地，將褲腿改小就簡單多了。

Before

After

所需時間 20 分鐘～

①拆掉褲腳邊的縫線。

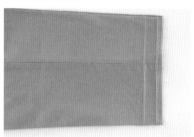

②用熨斗將褶邊燙平。

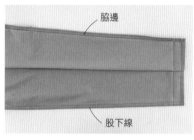

脇邊

股下線

③在膝蓋以上的兩側和內側畫好修改線。

④修改線以外2cm左右的位置下針，在舊針腳上再次車縫。

⑤沿著步驟③的修改線車縫。

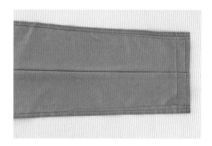

⑥針腳處燙平。

⑦沿著新的車縫線將縫份向後摺疊（脇邊、股下線）。

⑧脇邊及大腿內側處的縫份太寬時，要將多餘的部分剪掉，留下0.3cm左右即可。

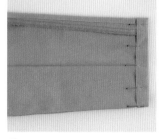

⑨褲腳疊成三次摺邊，並用珠針固定住。

⑩距褶邊0.2cm處進行車縫。

魔鬼氈失去黏性了……

魔鬼氈用久後，毛茸茸那一面的絨毛會漸漸變少，於是就會有些貼不牢。此時，可買個新的魔鬼氈來換一下！

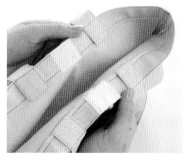

Before / **After**

所需時間 10 分鐘～

①拆掉絨毛變少的舊魔鬼氈。

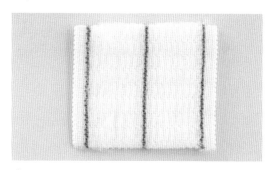

②準備好一塊同樣大小的新魔鬼氈。

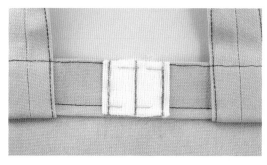

③將新魔鬼氈假縫在原來的位置。

④對新魔鬼氈的四邊進行車縫。

Tips

魔鬼氈
長條形的魔鬼氈可根據需要剪成適當的長短。
還有如圖所示的鈕釦形魔鬼氈。

長條形

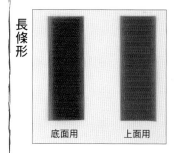

底面用　　　上面用

鈕釦形

※示例中使用的是色彩對比明顯的車縫線。但實際操作時，
請使用與布料同色或顏色相近的車縫線。

拉鏈壞了怎麼辦？

拉鏈基本上都很結實，不容易壞，但難免也會遇到，書中所介紹的方法可以讓輕鬆完成。換褲子的拉鏈有一定難度，但短裙或連身裙的拉鏈是可以自己動手換的喔！

所需時間 60 分鐘～

普通拉鍊的換法

①將縫紉機的壓腳換為拉鏈壓腳。

②依序拆除腰帶、裡布和拉鏈處的縫線。

③準備好新拉鏈。拉鏈的長度應比裙子上的拉鏈開口長1cm左右。

④將拉鏈開口熨燙平整。

⑤將拉鏈至於在拉鏈開口之下，用珠針固定住。

⑥假縫固定。

⑦拉開拉鏈並開始車縫。

⑧車縫到一半後再拉上拉鏈，並車縫完剩下部分。

⑨合上裙子的開口處，用珠針固定。

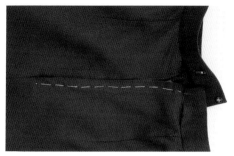

⑩假縫固定。

⑪車縫固定上片的拉鏈。

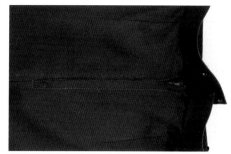

⑫接續對開口停止處進行車縫。

⑬把拉鏈與裡布鎖縫在一起。（參照11頁周邊縫的縫法）。

⑭鎖縫拉鏈的另一邊。

⑮將腰帶翻過來置於在裙子的表布上。

⑯車縫好步驟②拆開的兩處。

⑰立起腰帶來，對其周邊進行鎖縫。

⑱完成。

※示例中使用的是色彩對比明顯的縫線。但實際操作時，請使用與布料同色或顏色相近的縫線。

縫製隱形拉鏈

①準備好隱形拉鏈壓腳。

②拆掉拉鏈四周的縫線。

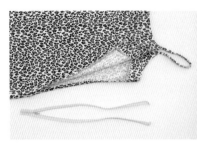

③拆開拉鏈。

④用熨斗將拉鏈開口燙平。

⑤開口兩側疊合在一起，用珠針固定。

⑥對開口進行疏縫。

⑦熨開縫份。

⑧隱形拉鏈的表面貼上定位膠帶。若沒有定位膠帶，可用假縫線假縫固定。

⑨拉鏈兩側都貼上膠帶。

⑩撕掉膠帶表面的貼紙。

⑪將拉鏈貼在縫份上，黏貼時使拉鏈牙與針腳剛好吻合。再用熨斗熨燙黏貼。

⑫拆掉假縫線。

⑬拉開拉鏈進行車縫。

⑭將隱形拉鏈的布邊與縫份一起車縫。

⑮拉上拉鏈。

⑯隱形拉鏈的布邊鎖縫到步驟②拆開的貼邊內。（參照11頁周邊縫的縫法）

⑰完成。

※示例中使用的是色彩對比明顯的車縫線。但實際操作時，請使用與布料同色或顏色相近的車縫線。

News

定位膠帶　衣料用水消筆
用於代替假縫的方便小物。在沒有假縫線或趕時間時都可以利用。不過，這些產品都只是暫時性的黏接，下水之後就會失去黏性。所以，黏接後請務必車縫。

提供＝河口株式會社

紅白帽的鬆緊帶失去彈性了……

帽子還好好的，但鬆緊帶已經沒有彈性了，買新的又覺得有點浪費……
其實，只要換條鬆緊帶，就可以繼續使用。既然如此就花一點功夫來換吧！

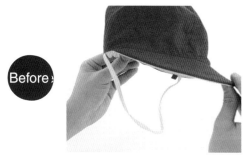
Before

After

所需時間 10 至 20 分鐘

①拆掉鬆緊帶兩端的縫線。（1cm 左右）

②取下鬆緊帶。

③準備好6芯左右的鬆緊帶。測量小朋友臉的尺寸後確定鬆緊帶的長度，剪鬆緊帶時別忘了加上1cm的縫份。

④新鬆緊帶放入步驟①拆開的小開口裡。

⑤用珠針或假縫固定。

News
柔和型帽帶是為皮膚細嫩、不喜歡彈力太強的鬆緊帶的人士所設計的。與相同粗細的其他鬆緊帶相比，彈力更小、收縮性更大。

提供＝clover株式會社

⑥縫紉機換上適當顏色的面線和底線。此處使用紅色的面線、白色的底線。再將拆開處車縫好。

⑦鬆緊帶換好後再縫上小朋友的姓名標籤。
提供＝neo.japan株式會社

被小狗咬壞的布玩偶，有沒有辦法補好呢？

喜愛的布玩偶，即使是有點破了也捨不得扔掉。
雖說小熊的表情會和以前有點不一樣，但總算是補好了！

Before

After

所需時間 10 分鐘

①縫補布玩偶時，應事先準備好布玩偶專用的手縫針。

②從最不顯眼的後腦勺下針並對準眼睛的位置刺下去。

③用黑色的帶腳鈕釦當小熊的眼睛。將縫線穿過鈕釦的釦眼，再將手縫針刺回去。

④稍微用力拉一下。

⑤不要剪斷線，重複步驟②至③縫好另一隻眼睛。

⑥不要剪斷線，將針紮向鼻子的位置，縫好鼻子處的鈕釦。

⑦縫好鼻子。

⑧在後腦勺打止縫結。最後在小熊的脖子上繫一條緞帶以蓋住線腳。

※示例中使用的是色彩對比明顯的手縫線。但實際操作時，請使用與布料同色或顏色相近的手縫線。

傘布和骨架分離了，多可憐啊……

使用雨傘時，最容易損壞的就是傘布與傘架縫合處。打開不好修，收攏再縫就簡單多了。

Before

After

所需時間 5 分鐘

①為了縫得牢固，穿針時穿雙線。縫合時，從雨傘的背面下針。

②針線由傘骨的孔裡穿過，並縫製在另一側的布料上。

③重複步驟①至②2至3次。

※示例中使用的是色彩對比明顯的手縫線。但實際操作時，請使用與面料同色或顏色相近的手縫線。

④為了縫得更加牢固，縫線繞傘骨2、3次。

⑤在繞線的上側打止縫結，完成。
＊縫製時請將雨傘收攏。

黑色的T-shirt褪色了……

衣服經過多次的洗滌後，難免會褪色。為了讓自己喜歡的T-shirt穿得更久一些，就染一染，讓它重現當初鮮亮的濃黑吧！現在，市面上有許多加水就可用的方便染料。本書使用的是DYLON染料。

所需時間 3 小時 30 分鐘～

Before

After

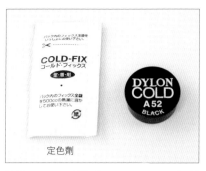

使用DYLON冷染（DYLON COLD）彩色（黑A52）染料。

提供=DYLON-JAPAN株式會社

①浸染前，務必將衣服洗淨，去除髒汙、粉漿以及柔軟的異物。洗後就直接放在水盆裡，不要晾乾。

②倒入一罐DYLON COLD染料（黑A52）加入500毫升溫水（40至50℃）並充分攪拌使其完全溶解。

③3袋定色劑和250克食鹽倒在熱水裡，充分攪拌使其完全溶解。

④把步驟②與③的溶液混合在一起，再往裡面加入適量的水，以剛好能將T-shirt浸泡在裡面為宜。

⑤待染的T-shirt放入步驟④的溶液裡。放入時要記得帶上塑膠手套。

⑥充分揉洗30分鐘左右，再浸泡2小時30分鐘，並常常攪拌一下。

⑦清水反覆漂洗後，再用熱水加中性洗滌劑清洗。

⑧用清水漂洗乾淨，脫水後掛在陰涼處晾乾。

⑨完成。

🌀 延緩深色T-shirt等衣物褪色的洗衣技巧

①不要將深色和淺色衣服放在一起洗。
②避免使用含漂白劑的洗滌劑。
③機洗時，將衣服翻過來放在洗衣網內。
④翻面陰涼處晾乾。

Domal Black Fasion
最近，市面上有具有防褪色功能的洗滌劑，能有效減慢褪色速度。此處所介紹的是黑色衣物專用的洗滌劑。

提供=Japan.international.commerce

最喜愛的衣物沾上污漬了，怎麼辦？

一不小心衣服上就沾到污漬，立刻就洩氣還太早！在把衣服送去專門洗衣店之前，請務必先嘗試一下這些簡單可行的小妙招。

污漬可分為三大類

⊙ 水溶性
能溶於水的污漬，如醬油、咖啡等。

⊙ 油性
含油分的污漬，如咖哩、口紅、圓珠筆油墨等。

⊙ 不溶性
不溶於水也不溶於油的污漬，如泥巴、口香糖等。

※在識別污漬到底是水溶性還是油性時，可滴一滴水在污漬上面，如果水能滲入到污漬裡，則說明是水溶性的；如果互不相溶，則說明是油性的。

去除污漬的原則

1 立即去除
時間過拖越久越不容易去除。大多數的水溶性污漬只要用水一洗即可被清除，所以一旦沾上污漬就儘快把它處理掉吧！

2 不要擦拭
擦拭可能會把衣服弄壞。最好的方法是在衣服下墊上毛巾再輕輕按壓，讓毛巾把污漬吸走。

3 從污漬外側開始去除
蘸上藥品或水若從污漬中心開始處理的話，污漬會向外擴散，反而會弄髒衣物。所以，一定要從外側開始、小心處理。

各種污漬的處理方法

介紹日常生活中易沾上的各種污漬的去除方法。處理時，請先在衣服下墊上毛巾，然後對症下藥地從污漬的背面進行處理。

醬油、調味汁

醬油是水溶性的，調味汁是油性的。但基本上它們的去除方法是一樣的。首先，立即用紙巾完全吸掉污漬中的水分，再用牙刷蘸上中性洗滌劑輕輕拍打。

咖哩、肉汁

將中性洗滌劑加在溫水中，再用牙刷或棉花棒蘸上輕輕按壓即可去除。另外，用固體肥皂輕輕擦拭也可去除。若污漬沒有立即處理，在衣服上留下了色斑，請用適合該衣服質料的漂白方法進行漂白處理。

口紅

用布蘸上揮發油或酒精輕輕按壓即可。

泥漿

將泥漿完全烘乾後，用牙刷將泥土輕輕地刷掉，再用牙刷蘸上中性洗滌劑輕輕拍打。雖說是泥漿，但其中大多混有汽油等油性物質。因此，多數情況下只用水是不能完全去除的，一定要注意這一點。

粉底液

先用紙巾將粉底液中的粉盡可能地擦掉，再用牙刷或棉花棒棒，蘸上酒精輕輕按壓。

圓子筆的油墨

用布蘸上酒精的水溶液輕輕按壓。

善用隨手可得的小物去除污漬

• 用「蘿蔔」去血漬

將蘿蔔切開，用其切口擦拭血漬部位。（或在血漬上鋪一層蘿蔔泥，再輕輕拍打。）蘿蔔中含有一種叫澱粉酶的成分，能將血液分解、徹底去除。※血液和牛奶、雞蛋一樣，含有蛋白質成分，所以，不能用熱水來洗血漬。

• 用「砂糖水」去除陳年的水溶性污漬

用布蘸上稍甜的砂糖水（放入1至2大匙砂糖至100ml溫水內）輕輕按壓即可。雖然不知道是什麼原理，但蠻管用的，是流傳許久的好方法。

• 在外用餐時用「米飯」去除調味汁、番茄醬的污漬

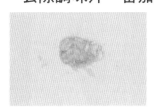

當調味汁、番茄醬沾到衣服後，可立即用煮熟的米粒擦拭。米粒可以吸收液體，避免滲透到衣料內。回家後，只要再用水搓洗即可。

• 用「吐司」去除熨斗燙焦和包包上的污漬

用吐司中間白色部分對污漬部位進行擦拭，就像用橡皮擦擦掉鉛筆筆跡一樣。輕輕鬆鬆將熨斗燙焦處和包包上的污漬帶走，乾淨得讓人覺得不可思議。請儘量使用鬆軟的麵包。

• 用「檸檬」去除咖啡漬或紅茶漬

時間一久就難以去除灑在衣服上的咖啡和紅茶漬，但檸檬對此有奇效。只要用布蘸上檸檬汁輕輕按壓，再用熱毛巾輕輕擦拭即可徹底去除。※沒有檸檬時，可用醋代替。

• 用「卸妝水」或「爽膚水」去粉底液

在沾有粉底液的地方滴幾滴卸妝水，再輕輕搓洗。和卸妝一樣，沾在衣服上的粉底液也可用卸妝液輕鬆除去。此外，還可用棉花棒蘸上含酒精的爽膚水輕輕擦拭，其中的酒精成分能有效地去除粉底液。

去污漬時使用的小物品

參考文獻
《鮮為人知的家政技巧和祕訣》、《鮮為人知的家政技巧和祕訣2》（以上為河出書房新書出版）《完美主婦》（主婦和生活社出版）《過日子的智慧366》、《生活寶典800》（以上為BOUTIQUE出版）
插圖＝森萬里竹子

酒精
乙醇的一種，主要是被當作消毒液。可在藥房買到。

中性洗滌劑
用來洗碗的洗滌劑。可溶解食用油，所以，無論是水溶性，還是油性的污漬都能徹底去除。

氨水
氨的水溶液，是用來殺蟲的藥品，藥房有售。

揮發油
汽油的一種。石油蒸餾後製成的液體，藥房有售。

雙氧水
過氧化氫的水溶液，常用於消毒、殺菌和漂白，藥房有售。

熨燙襯衫有訣竅嗎？

襯衫最重要地方就是袖口和領口。如何將這兩處燙平整是熨燙襯衫的關鍵所在。記住，熨衣服不只是來回滑動熨斗，還需要時不時地用力按壓。若不熟練掌握這些技巧，反而會意外地弄出些褶縐來，只要多練習幾次後就會有很大的進步。

所需時間 10 至 20 分鐘

 Before

After

A提供=T-fal集團日本販賣株式會社

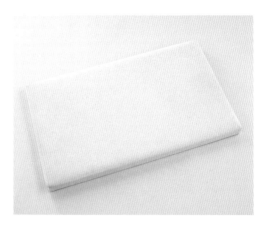

準備好熨斗、燙衣板。使用平展的燙衣板是熨好衣服的前提。

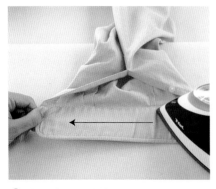

①熨燙袖口。將袖口內側（接觸手腕的一側）平鋪開，熨燙時左手用力將袖口向左側牽拉。

②熨燙橫向開口時，也是在背面進行。

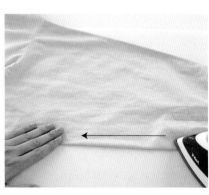

③將袖筒對摺，熨燙出兩條褶痕。

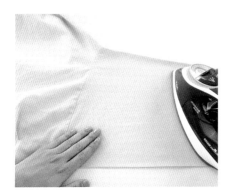

④使用整個熨斗表面對袖筒進行熨燙。

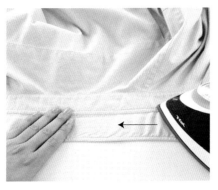

⑤熨燙衣領。在衣領的內側進行。熨斗從衣領的一端向中心滑動，直到三分之二左右的位置，左手要一邊用力拉。

⑥熨斗換到左手，從衣領的另一端開始向中間熨燙，直到三分之二左右的位置。

⑦熨燙過肩處。

⑧沿著衣領接縫滑動熨斗，就可以使衣領就變得硬、挺了。

⑨熨燙襯衫的後背。

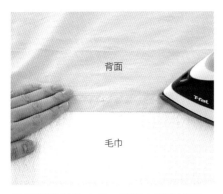

⑩熨燙襯衫的衣身。熨燙有鈕釦處時，在襯衫下面墊一條毛巾，就不會留下鈕釦的痕跡了。

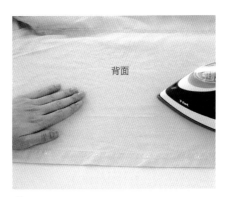

⑪對整個前衣身進行熨燙。

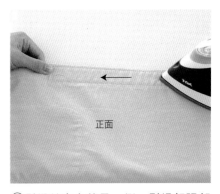

⑫熨燙前衣身的另一側。熨燙釦眼部位時，要用力拉。

有沒有使凸出的膝蓋處變平整的方法呢？

介紹一種利用熨斗高溫和蒸汽來撫平膝蓋處的方法。

①準備一個噴霧器。有了蒸汽熨斗後，很多人覺得不需要特地準備噴霧器，其實，有了噴霧器就可以多噴點水，燙衣服時就更加方便了。

②將褲子翻過來，在膝蓋處噴點水。

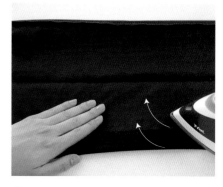

③並不是立刻就對膝蓋處進行熨燙，而是從周圍向膝蓋凸出處熨燙。熨燙時，要將熨斗稍微抬起一些。

④將另一側的布料也從外側往中心熨燙。

⑤對膝蓋處進行熨燙。剛開始時，要將熨斗稍微抬起一點，再逐漸用力按壓。

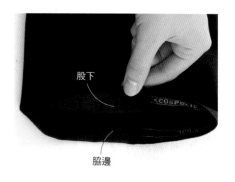

股下

脇邊

⑥將股下和大腿內側的縫份疊合在一起。

⑦若有褶痕噴霧器，就對褶痕處噴點水。

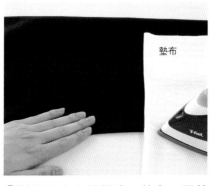

⑧熨燙前中心的褶痕。墊上一層墊布，可防止布料變得光溜溜的，你就可以放心地熨燙了。

⑨順著褶痕往上熨燙，直到褲腰下為止。

⑩熨燙褲子的後面。與前面一樣，從褲腳處開始往上熨燙，直到褲腰下為止。

⑪熨燙褲腰和後臀部的褲袋。

⑫膝蓋處凸出處不見了，變得非常平整。

⑬用同樣的方法熨燙另一隻褲管。

News

提供＝河口株式會社

強力褶痕定型劑

熨燙前向褶痕處噴一噴，讓褶痕更加持久的定型噴霧劑。百褶裙等有褶綢的衣物也可使用，非常方便。使用時，請先在廢棄布料或不顯眼的地方試用一下。

啊！又破了！怎麼辦哪？

衣服被燙壞或摔跤時被摩擦破……事後若能完美地修補好，就還可以繼續穿。但用傳統的手縫法一針一針地縫補，就算補得再好也看得出來。不過，現在有了修補破洞的專用布料，精工縫補就變得簡單可行了。

褲子的膝蓋處磨破了……

修補用布料

所需時間 10 分鐘～

①將露出線頭的破洞處修剪整齊。

②若破洞較大，用原處的布料不能修復。所以，需準備好表面和裡面用的修補布料。

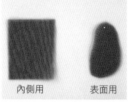

內側用　　　表面用

③將修補裡面用的布料放置於破洞的裡側。

④將修補表面用的布料放置於洞的上面。

⑤墊上墊布後熨燙。

⑥放置直到完全冷卻為止。

襯衫的下襬被鉤破了……

修補用布料

所需時間 10 分鐘～

①將露出線頭的裂口處修剪整齊。

②用熨斗將破裂處熨燙平整，到肉眼看不出有裂口。

③剪下一塊比裂口稍大的修補布料。

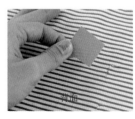

④將修補布料黏接面朝下放在裂口上。再鋪一層墊布。

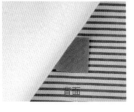

⑤用力壓燙，不要滑動熨斗。

⑥放置直到完全冷卻為止。

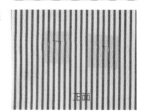

袖口被滑雪板弄破了……

修補用背膠布料

Before

After

所需時間 5 分鐘

①剪下一塊比裂口稍大的尼龍型背膠布料。

②撕下背膠表面的貼紙。

③將背膠布料貼在裂口表面上。

④完成。
*該方法適用於不能用熨斗燙貼的衣料。

這怎麼有個燙壞的小洞呢？

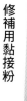

修補用黏接粉

Before

After

所需時間 20 分鐘～

①沿燙焦的破洞邊稍微剪掉一點。

②從褶邊上剪下一塊衣料用於修補破洞。

③從步驟②剪下一塊與步驟①的破洞大小相當的衣料，並從背面把破洞堵住。

背面

④撒上修補用黏接粉。

⑤準備一塊與破洞大小相當的衣料蓋在破洞上，再用熨斗燙貼。

毛衣的手肘處破了個洞……

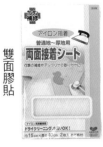

雙面膠貼

Before

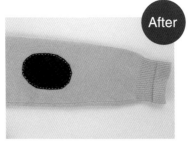

After

所需時間 30 分鐘～

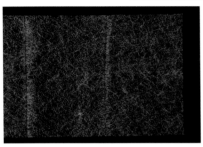

①準備雙面膠貼。

②準備兩塊補丁衣料。並在其周圍預留1cm 左右的縫份用料。

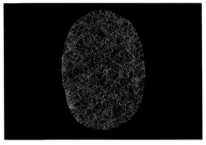

③剪下一塊與補丁大小相同的雙面膠貼。

④在步驟②的背面摺出1cm，再貼一層雙面膠貼。

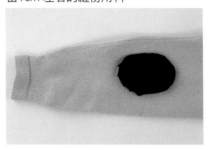

⑤將步驟④的黏接面朝下放在毛衣的破洞出。

⑥鋪上一層墊布。

⑦用熨斗熨燙時。不要滑動熨斗，用力按壓即可。

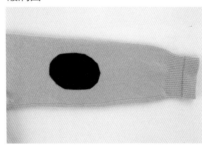

⑧等待散熱冷卻。

⑨用不同顏色的手縫線沿周邊平針縫一圈。既牢固又美觀。

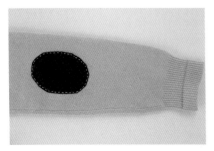

⑩完成。

若衣服只裂了個小開口或稍微破個小洞洞就扔掉，那太可惜了。現在，市面上售有各種各樣、方便又好用的專用修補布料。只需要多花一些些功夫，就能讓衣服完好如初，現在就來挑戰一下吧！

News

普通衣料及加厚衣料用修補布
（6cm×30cm）

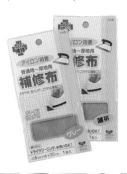

喬賽面料用修補布
（11cm×32cm）
※A、B套件
（7cm×22cm 四色裝）

尼龍面料用修補布
（7cm×30cm）

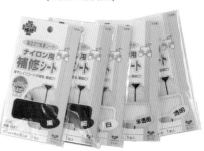

雙面膠貼
（15cm×40cm 2片裝）

這樣洗行嗎？

沒看清標籤上的說明就洗滌和熨燙衣服，容易造成衣服縮水或損壞，你有沒有遇過這樣的情形呢？
再來溫習一遍已經熟知或還不曾見過的洗滌標識，讓洗衣時做到零失誤。

洗滌標識及其含義一覽表（JIS）

標識	含義	標識	含義
95	水溫95度以下水洗	（打叉熨斗）	不可熨燙
60	水溫60度以下水洗	乾洗	使用四氯乙烯或石油系列的溶劑
40	水溫40度以下水洗	乾洗／石油系列	使用石油系列的溶劑
弱 40	40度以下輕柔機洗或小心手洗	乾洗（打叉）	不可乾洗
弱 30	水溫30度以下輕柔機洗或小心手洗	輕柔擰乾	用手輕輕擰乾或短時間脫水
水洗 30	（不可用洗衣機洗）水溫30度以下小心手洗	（打叉擰乾）	不可擰乾
（打叉水洗）	不可水洗		懸掛晾乾
可氯漂	可使用含氯漂白劑進行漂白		懸掛於陰涼處晾乾
不可氯漂	不可使用含氯漂白劑進行漂白	平鋪	平鋪晾乾
高	210℃（180℃至210℃）以下高溫熨燙	平鋪	陰涼處平鋪晾乾
中	160℃（140℃至160℃）以下中溫熨燙	40 使用洗衣袋	機洗時使用洗衣袋
低	120℃（80℃至120℃）以下低溫熨燙	高	熨燙時使用墊布

一天就能完成的布小物

只需利用孩子出門上學這段時間就能夠完成的簡單小物，
偶爾也來體驗一下自己動手製作布小物的樂趣吧！
雖然需用縫紉機車縫的作品有很多，但也許多適合手工縫製的布小物呢！

縫製布小物時的必備用具

有了這些工具，就能做出大部分的手作小物。等熟練後，再依據個人的需要添置一些方便適用的新用具。

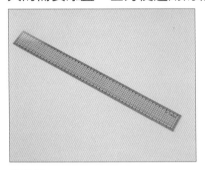

方格尺
用於繪圖和測量尺寸。每隔5mm就有一條刻度線，繪製平行線時也很方便。
30cm和50cm的各備一支，手作過程進展會更順利。

假縫線(疏縫線)
還不熟練手縫時，就先假縫後再正式縫製，這樣會縫得更加整齊、漂亮。一般使用白色的假縫線，但也隨著面料顏色的不同，而需要使用顯眼的粉紅色或藍色的手縫線。
提供=clover株式會社

手作用複寫紙
繪製完成線或做記號時使用。將其夾在紙型和衣料之間或衣料和衣料之間，再用點線器將畫線印到衣料上。單面複印、雙面複印的都有。
提供=clover株式會社

手縫製時必要用具

剪布剪刀
剪刀的握持方法和使用方法請參照第4頁。
提供=clover株式會社

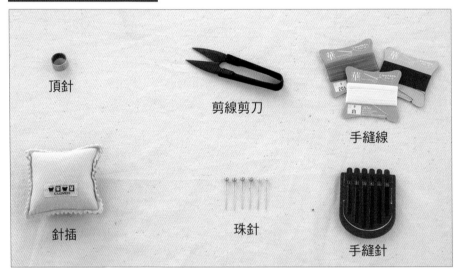

頂針
剪線剪刀
手縫線
針插
珠針
手縫針

這些都是手縫時的必備用品，請務必要備齊喔！詳細的使用方法請參照第4至5頁。
手縫線提供= Fujix株式會社/其他= clover株式會社

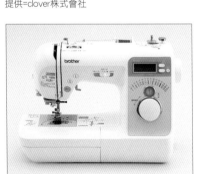

縫紉機
使用方法請參照第21頁。
提供=brother販賣株式會社

熨斗
使用方法請參照第27頁。
提供=t-fal集團日本販賣株式會社

認識布料、縫線和車縫針

為了能縫得牢固，有必要對布料、縫線和車縫針的種類有基本的認識。厚質布料要使用厚型布料專用的縫線和車縫針；薄型布料應使用適合薄型布料的縫線和車縫針。若用與布料不相匹配的針和線，就有可能引起跳線、斷線、斷針等異常情況。

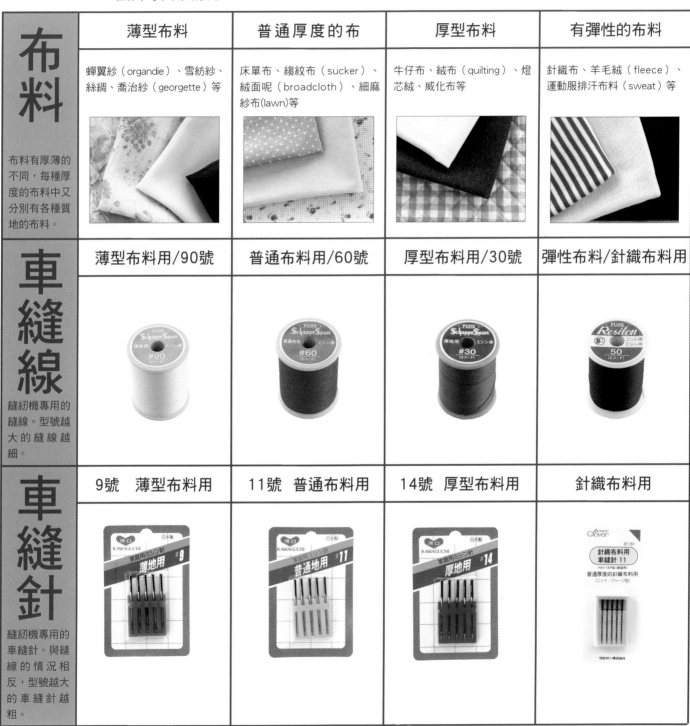

布料	薄型布料	普通厚度的布	厚型布料	有彈性的布料
布料有厚薄的不同，每種厚度的布料中又分別有各種質地的布料。	蟬翼紗（organdie）、雪紡紗、絲綢、喬治紗（georgette）等	床單布、縐紋布（sucker）、絨面呢（broadcloth）、細麻紗布(lawn)等	牛仔布、絨布（quilting）、燈芯絨、威化布等	針織布、羊毛絨（fleece）、運動服排汗布料（sweat）等
車縫線	薄型布料用/90號	普通布料用/60號	厚型布料用/30號	彈性布料/針織布料用
縫紉機專用的縫線。型號越大的縫線越細。	#90	#60	#30	50
車縫針	9號　薄型布料用	11號　普通布料用	14號　厚型布料用	針織布料用
縫紉機專用的車縫針。與縫線的情況相反，型號越大的車縫針越粗。	薄地用 #9	普通地用 #11	厚地用 #14	針織布料用 車縫針 11

※書中所介紹的商品只是其中一部分，市面上還有其他各式各樣的車縫線和車縫針。

識別布料的正反面

布料的邊寬

縱紋布
（不被拉伸）

布邊

布邊

正斜紋
（會被拉伸）

45℃

布邊和布紋

布料的兩側（沒有線頭綻開的部位）被稱之為布邊。布紋與布邊平行的布料叫做「縱紋布」，布紋與寬邊平行的布料叫做「橫紋布」。縱紋布不易被拉伸，與之相反橫紋布則容易被拉伸，45度的正斜紋布料最容易被拉伸。

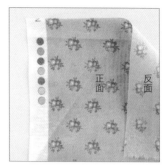

正面　反面

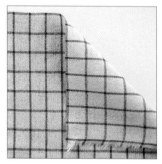

印花或花紋等看起來較清楚的一側是布料的正面。如左邊圖片所示，布邊上印有花紋或文字的一面是布料的正面。若遇右邊圖難以辨認的情況，請自行將其中的一面定為正面，即可避免混淆正反面的情況。

選擇縫線顏色的方法

一種布料內往往交織著幾種顏色，即使是選擇與布料同色系的縫線，也常會面臨著多種選擇，要從中選出剛好合適的縫線顏色是非常困難的。在此提供了幾種不同布料的縫線選擇方法，作為參考。

NG

OK

顏色為同色系較多的情形

布料的底色為綠色系的顏色較多，所以要選擇綠色系的縫線。但是，太深或太淺的綠都不合適，要選擇與底色相近的顏色。

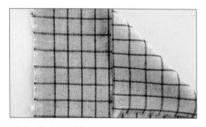

NG

OK

雙色布料的情形

不想用花格子中搶眼的深紅色，且布料中淺駝色的比例又較多，可以選擇用淺駝色系的縫線。
若不想讓針腳看起來特別顯眼時，可選擇深紅色縫線。

NG

OK

布料中交織多種顏色的情形

選擇粉色似乎也不錯，但在布料中所占分量太少，會顯得不和諧。既然布料中的所有顏色都是淺色調的，那就選所占分量最多的淺色作為縫線的顏色吧！

整理布料

剛買回來的布料會有經線和緯線沒有正交垂直或歪斜變形的情形。若直接使用，做出的作品容易有瑕疵！所以，使用前要整理布料，使經線和緯線相互垂直地交織。

整理棉、麻布料

①抽掉一根緯線。

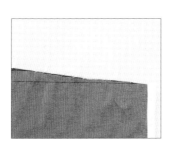
②抽掉緯線處出現了一條縫隙線。

③沿縫隙線裁剪布料。

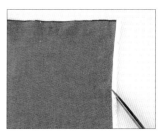
④布邊上斜著剪幾個牙口。千萬不能橫著剪。

⑤在水裡浸泡1小時左右，使水分充分滲到布料內。

⑥整理平展後陰乾，到半乾為宜。

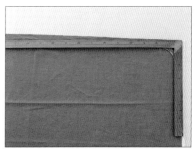
⑦將布料平鋪開，用直角尺確認其歪斜的方向。

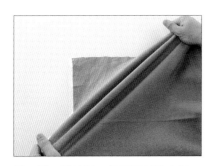
⑧一點一點地扯，修正歪斜的布料。

⑨沿著經線方向熨燙布料。

⑩沿著緯線方向熨燙布料。

裁剪和畫記號線

紙型分為帶縫份的和不帶縫份的兩種。帶縫份的在裁剪之後需畫上完成線，而不帶縫份的在裁剪時要自行加上縫份的用料。

裁剪的方法 ────────────────────

◎ 包含縫份的紙型

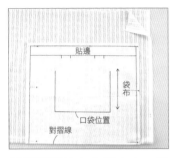

①將紙型放在布料之上，用珠針固定。

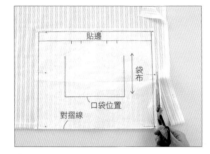

②依照紙型進行裁剪。

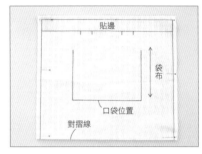

③裁剪完畢。

◎ 不含縫份的紙型

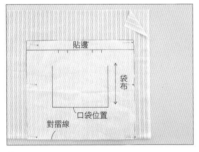

①將紙型放在布料之上，用珠針固定住。

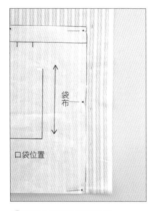

②確定縫份的寬度。

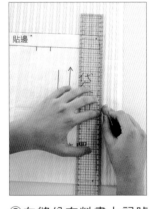

③在縫份布料畫上記號線。

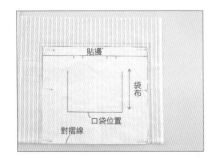

④畫好記號線。

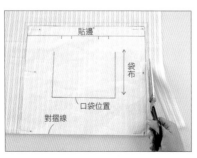

⑤沿著縫份記號線進行裁剪。

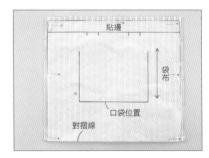

⑥完成。

畫記號線的方法

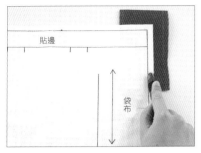

①在兩層布料之間夾入一張手工用複寫紙，再用點線器畫出記號線。

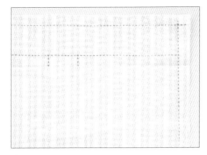

②畫線完成。

畫記號線時的必備用具

粉土或手工用複寫紙

除了常見的粉筆型粉土和手工用複寫紙之外，還有各式各樣做記號的用具。
如鉛筆狀的畫粉筆、記號筆、能溶於水的粉土筆等。

粉土

手工用複寫紙

粉土筆

認識點線器

用手工用複寫紙將記號線印到布料上時，點線器是必不可少的工具。使用時，將複寫紙夾在布料之間，在紙型的完成線上滾動點線器即可。有許多種類，如硬的尖尖齒、軟的尖圓齒，還有可同時印出縫份線與完成線的雙齒輪型等。

點線器（尖硬型）

點線器（柔軟性）

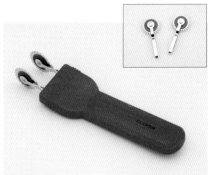

雙齒輪點線器

提供=clover株式會社

認識布襯

布襯就是背面帶有黏膠的襯布。使用時用熨斗加熱熨燙，就可使其黏貼在衣料的背面。雖然不一定非要用布襯，但用它能讓作品更堅固、更有型。所以不妨試一下。

提供=clover株式會社

布襯的種類

布料型
多為平紋的，具有方向性。所以，裁剪時應使布襯的與面料的布紋方向一致。此外，保濕性也很不錯。

不織布型
質地輕、不易起縐、不易散開，所以非常好操作，不適用於有伸縮性的布料。大部分都沒方向性，可隨意無縫裁剪。

編織型
伸縮性良好、手感柔軟。由於是編織而成的在黏貼時會收縮一些。所以，裁剪時應考慮到收縮量，裁得比紙型稍大一點。

貼上布襯的好處

①使布料有張力，讓作品輪廓清晰、更加有型。

②防止衣服和小物變形走樣。

③能夠抑制容易被拉伸的布料等被拉伸，使車縫更加方便易行。

④能夠增加厚度和硬度。

布襯的正面和反面

不要把布襯的正面和反面弄錯了！布襯的背面是黏貼面，帶有黏膠，所以摸起來比較粗糙。經過確認過後再黏貼吧！

表面

背面

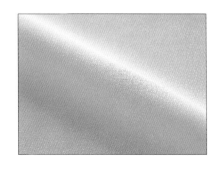

黏接的條件

在黏接布襯時，有溫度、壓力和時間三個必要條件。
實際使用時，務必注意這三方面的狀況。

溫度	過高	黏膠過度熔化，以致黏貼強度降低。熔化的黏膠滲漏到面料或布襯的表面。	壓力、時間	太強 太長	面料的手感變差。從面料上能看到布襯的輪廓。
	過低	黏膠不能充分熔化，以致黏貼強度降低。		太弱 太短	不能將布襯黏貼到面料上。

布襯的黏貼方法

①將布料的背面和布襯的黏貼面貼合。

②鋪上墊布，從中心往兩側熨燙。（參照下面的插圖）

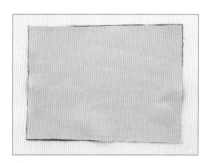

③等待散熱冷卻。

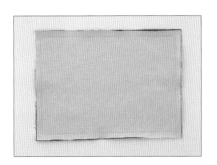

④記號線要在貼布襯後再畫。

好的黏貼示例

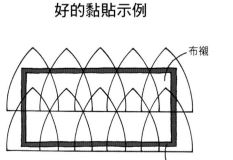

布襯

布料的背面

不好的黏貼示例

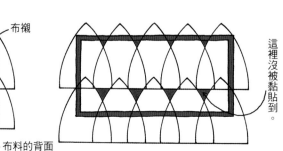

這裡沒被黏貼到。

我的布包

塑膠袋造型的購物用布包，容量比較大，在每天的購物生活中扮演重要的角色。
摺起來方便收納，不占空間，平時也可以使用。

原寸紙型A
製作　アリガエリ　studio-hana

表布　車縫線

※示例中使用的是色彩對比
明顯的車縫線。但實際車縫
時，請使用與布料同色或顏
色相近的車縫線。

製作方法

裁剪、畫記號線

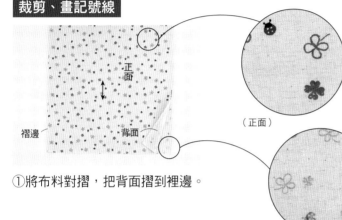

正面

褶邊　背面

（正面）

（背面）

①將布料對摺，把背面摺到裡邊。

提把

袋布

②將紙型放在布料之上。

③用珠針將紙型和兩塊布料固定
在一起以防止移位。

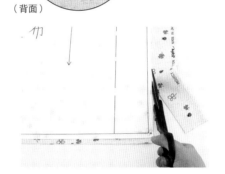

④依照紙型裁剪布料。

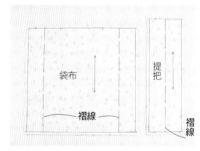

袋布　提把

褶線　褶線

⑤裁剪好的袋布和提把。

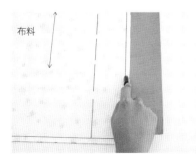

布料

⑥兩塊布料之間放入一張手工用複
寫紙，再用點線器描出完成線。

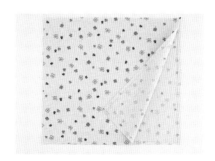

⑦袋布處已畫好記號線。

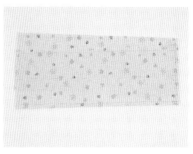

⑧用同樣的方法對提把部分畫記
號線。

製作提把

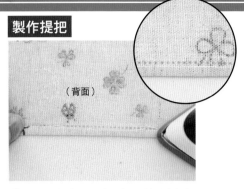

（背面）

①在布料的反面摺邊，使布邊與完成線剛好吻合，再用熨斗熨燙定型。

②沿著完成線再次摺邊。

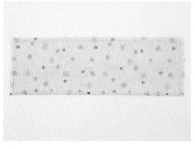

③布料的一側形成一個三次摺邊。

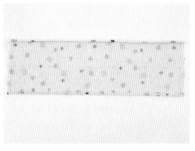

④對另一側也做同樣的摺邊。

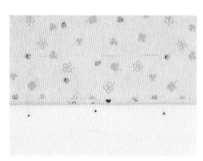

⑤用珠針將褶邊固定住以免散開。

⑥在沿距褶邊0.2cm的位置進行車縫。

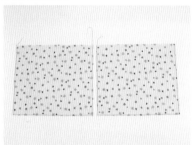

⑦縫製完成的提把。（製作2條）

縫製袋布

①用拷克對袋口以外的其他三邊進行車縫。（處理縫份）

②兩塊袋布正面朝內地對摺，用珠針固定住。

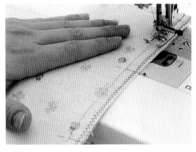

③沿著兩側的完成線進行車縫，並在車縫開始和車縫結束的地方進行回縫。

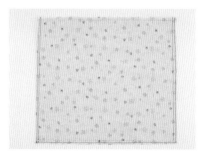

④縫好兩側。

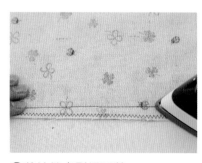

⑤將接縫處熨燙平整。

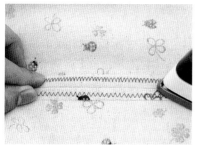

⑥將縫份向左右兩側平鋪開。

⑦縫份被完全鋪開。

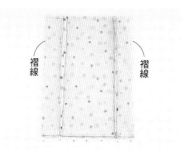

褶線　　　　褶線

⑧沿著褶線將兩塊袋布向內側摺疊，用珠針將褶邊的底部固定住。

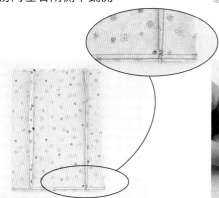

⑨對布袋的底部進行車縫，同時將步驟⑧的褶邊固定住。

⑩將底部的縫份倒向上側。

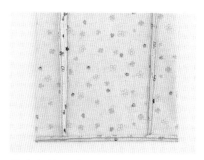

⑪底部縫份完全倒向上側。

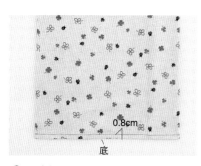

⑫布袋翻過來，用錐子將袋角挑出來。

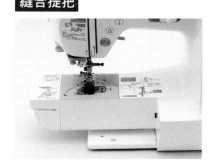

⑬用熨斗對摺線部位進行熨燙，燙出筆挺的褶痕。

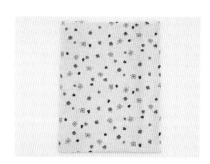

⑭將袋身疊合在一起的樣子。

縫合提把

0.8cm

底

⑮距底邊0.8cm的位置進行車縫。

①如縫紉機是自由臂機台，請把下面的底板收進去。

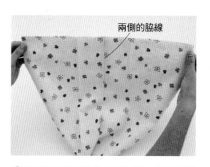

兩側的脇線

②將袋子換個方向對摺，使兩側的脇線成為中心。

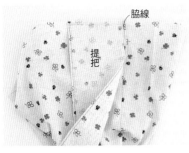

脇線
提把

③袋布與提把疊合在一起。

脇線

④用假縫固定提把在側縫的兩側。

⑤只車縫提把處。（另一側的提把也要車縫）

⑥拷克袋口處。在提把與袋布的兩層布料縫合。

0.2cm

⑦兩側的提把都縫好。

⑧沿著完成線將袋口向內側摺邊。

⑨距袋口0.2cm處進行車縫。

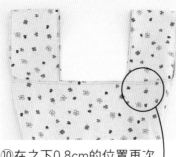

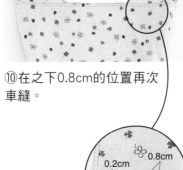

⑩在之下0.8cm的位置再次車縫。

0.2cm 0.8cm

完成。

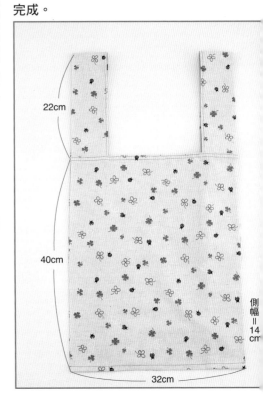

22cm

40cm

32cm

側幅＝14cm

⑪對褶痕處進行熨燙，使提把與褶痕看起來在一條直線上。

針插

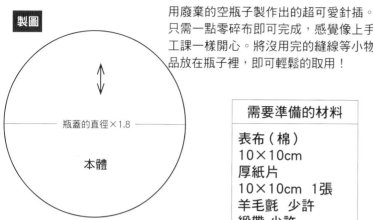

用廢棄的空瓶子製作出的超可愛針插。只需一點零碎布即可完成,感覺像上手工課一樣開心。將沒用完的縫線等小物品放在瓶子裡,即可輕鬆的取用!

製圖

瓶蓋的直徑×1.8

本體

瓶蓋的直徑減去0.2cm

厚紙

需要準備的材料
表布(棉)
10×10cm
厚紙片
10×10cm 1張
羊毛氈 少許
緞帶 少許
瓶子 1個
*依瓶蓋大小不同,所需表布的尺寸也不一樣。

製作/アリガエリ　**studio-hana**

製作方法

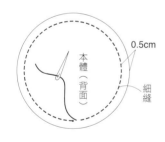

1 用平針縫對布料的周邊進行細縫。

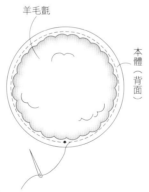

2 在布料的中心位置鋪上羊毛氈。

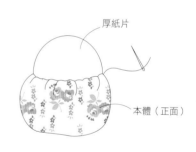

3 邊收緊線頭,邊放入厚紙片。

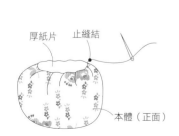

4 拉緊線頭打好止縫結。

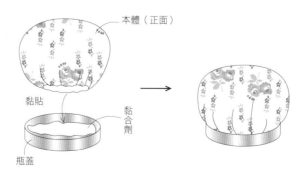

5 在瓶蓋上塗上黏合劑,再將針插本體黏接上去。

6 最後在針插與瓶蓋的交界處纏繞一圈緞帶。

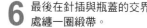

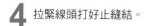

抱枕套

將布料的上下兩邊簡單縫合一下，就完成了一個抱枕套。
套子的背面釘有釦子，可防止墊子掉出來。不同的季節選
用不同花色的布料製作，生活是不是也因此充滿了情趣呢？

背面

製圖

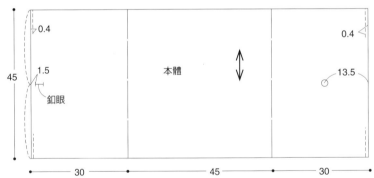

0.4　　　　　　　　　　　　　　　　　0.4

45　　1.5　　　　　　　本體　　　　　　　13.5

釦眼

30　　　　　　45　　　　　　30

裁剪圖紙

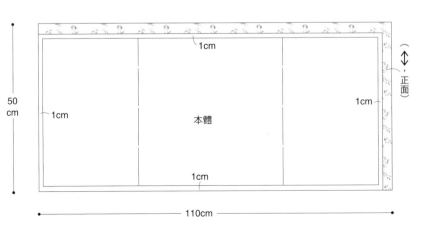

1cm

50cm

1cm　　　　　　本體　　　　　　1cm

正面

1cm

110cm

需要準備的材料（1個分）

表布（棉麻混紡）
110×50cm
45×45cm的枕心 1個
直徑2cm的鈕釦 1個

縫線提供fujix株式會社

製作方法

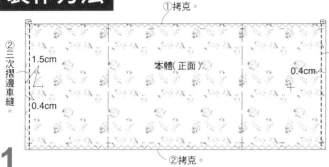

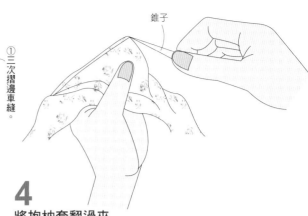

1 布料的兩端褶邊處理

布料的兩端向背面摺疊，摺出一個0.5cm的三次摺邊，同時用熨斗燙平，再距邊0.4cm的位置進行車縫。

2 製作釦眼

製作方法參照下圖。

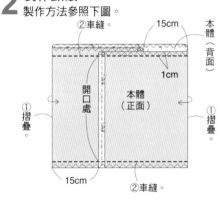

3 縫合上下兩邊

將布料沿著摺線褶成套子的形狀用珠針固定住，注意要將布料的正面摺在套子裡側，再沿距離各邊1cm處置進行車縫。

4 將抱枕套翻過來

從開口處將套子翻過來，用錐子將四個角落整理好，最後縫上鈕釦。（參照13頁）

釦眼的製作方法

單側鎖眼
常見的鎖釦眼的方法，適用於橫向開口的釦眼。縫線使用專用的釦眼線，所需長度是釦眼尺寸的25～30倍。

1

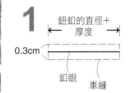

測量鈕釦的直徑和厚度。在釦眼位置的四周車縫一周，在中心位置剪開一個小開口。

2

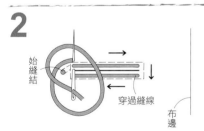

將手縫線引到釦眼四周的車縫針腳上，開始鎖釦眼。

3

如此縫下去，形成一個一個的結釦。

直到鎖完邊。

4

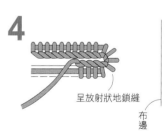

呈放射狀地鎖縫

在彎角處呈放射狀地鎖縫3、4針。

5

用同樣的方法縫另一邊。縫最後一針時，將針穿入第一個結釦中，再從最後一個結釦旁邊穿出，然後將線收緊。

6

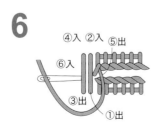

平行地縫兩針，使其針腳長度與兩側鎖眼針腳的總寬度相當。最後，在兩條平行線上垂直地縫兩針。

7

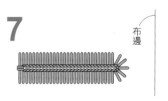

完成。

抹布

學校和幼稚園時常會要求小朋友們帶上抹布去上學。有的媽媽們會讓孩子們帶買來的抹布，但親手製作的手工抹布，有著媽媽們的愛心，無論做得好與不好，孩子們都會很開心呢！

需要準備的材料

布手帕或洗臉毛巾
1條
☆D作品使用的是fujix（MOCO）的縫線。

縫線提供=fujix（MOCO）株式會社
姓名標籤提供=neo.japan株式會社

若是需要用力搓洗的抹布，則對四條邊都要進行鎖縫。

製作方法

1 準備好1條洗臉毛巾或1塊手帕。

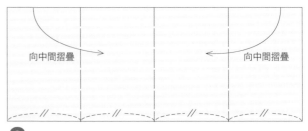

向中間摺疊　　向中間摺疊

2 兩端向中間摺疊，使兩側邊能在中心位置相吻合。

再次摺疊。

3 再次摺疊。

平針縫或車縫

4 距各邊0.3至1cm的位置進行縫合。
（平針縫或車縫）

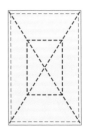

5 先對角縫，再內側縫一個四邊形（內側的四邊形可以不縫），最後縫姓名標籤。

刺繡的方法

複寫字母

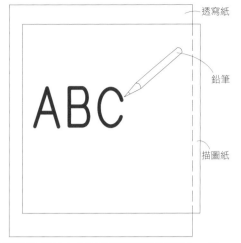

①將實物相同大小的圖案描繪到透寫紙上。如使用濃墨鉛筆，鉛筆粉塵可能沾在手上弄髒布料。所以，請使用較硬的鉛筆（2H左右）。

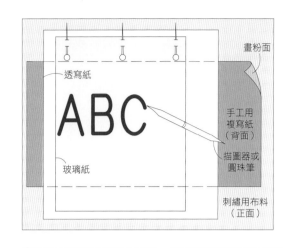

②刺繡布料的正面朝上放置，確定好要做刺繡的位置。將一張手工用複寫紙畫粉面朝下地放在刺繡位置之上，再依次放上描好圖案的透寫紙和玻璃紙，最後用珠針固定住並用描圖器描出圖案的輪廓線。

25號刺繡線的使用方法

25號刺繡線由6股細線撚合而成。可根據布料、圖案等具體情況決定用線的股數。將細線一根一根地抽出，再將所需的數條線整理齊後穿針使用。

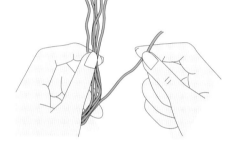

輪廓繡
在繡輪廓或花草的莖時經常用到。改變針腳的長度，線條的粗細也隨之改變。

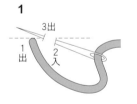

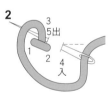

鎖鏈繡
向鎖鏈一樣一環扣一環的針腳。依照相同的方向運針、繞線。

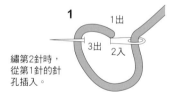

繡第2針時，從第1針的針孔插入。

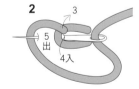

重複2至3次。

原寸圖案

ABCDEFGHIJKLMN
OPQRSTUVWXYZ

包袱造型的三角布包

很早以前人們就開始用布手帕或包袱布來製作三角布包。將接縫處的縫線一拆開，又變回一塊完好的布料，古人真聰明啊！包包與布料的大小比例是1：3，做一個大小讓自己滿意的三角包，可當肩揹包用，也可當化妝包用，用途多多哦！另外，還可用三塊手絹或印花手帕來做，如此一來連鎖邊都免了，只需將兩個接縫縫合在一起就大功告成了！

大布包可以揹在肩上。

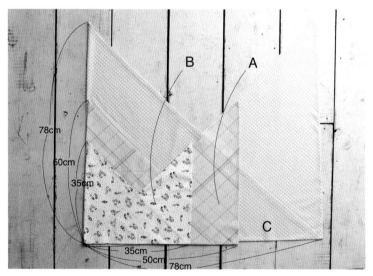

需要準備的材料

A表布（棉麻混紡）
40×110cm

B表布（棉）
30×80cm

C表布（棉）
60×170cm

將做了相同標記的地方縫合在一起。

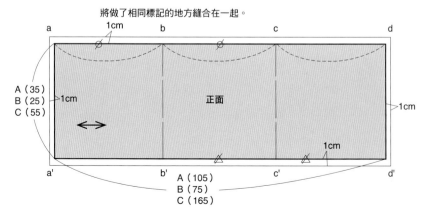

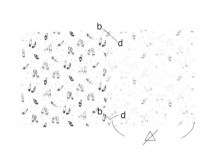

①沿著右側的褶邊線摺疊並將正面疊在裡側。

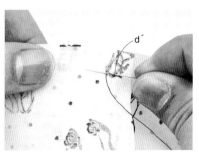

②對重疊處底邊進行縫合。縫份暫不處理，先從完成線開始縫合。

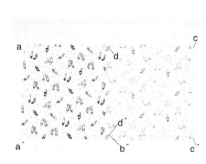

③縫完一邊。

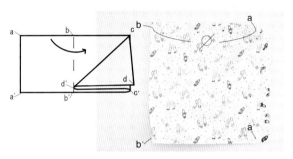

④沿著左側的邊線摺疊表布，以便a和c能疊合在一起。用珠針將上面的邊固定住。

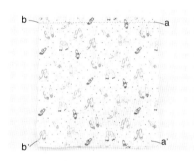

⑤用步驟②的方法縫合上面的邊。

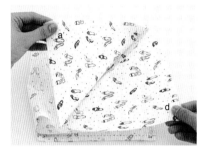

⑥拉著兩個對角。

⑦拎著a、d兩個角往上一提，布袋的樣子就形成了。

⑧把布袋翻過來。

⑨倒縫份。將沒有縫合處也沿著完成線摺邊。

⑩將縫份再次摺疊，摺成三次摺邊後用珠針固定住。

⑪用平針縫的手法將縫份縫牢固。

⑫完成。
☆如是使用縫紉機進行縫製，就用拷克來處理縫份。

※示例中使用的是色彩對比明顯的手縫線。但實際操作時，請使用與布料同色或顏色相近的手縫線。

短圍裙

用市售的圍裙布料來做一條咖啡館女服務生專用的短圍裙吧！不需要褶邊處理，所以縫製起來也特別簡單。若買不到尺寸剛好的圍裙布料，也可用普通布料來做。在此也一併介紹使用普通布料的製作方法。

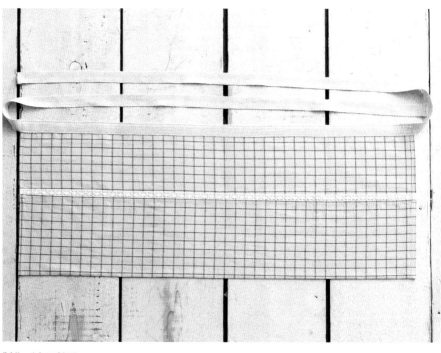

製作／吉田敏子

需要準備的材料

圍裙布料一塊
70×43cm
麻料帶
2×240cm
純棉蕾絲
1.2×70cm

製圖

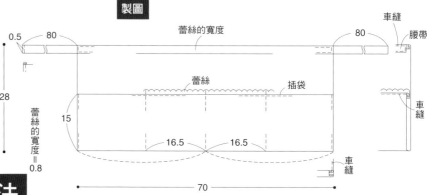

製作方法

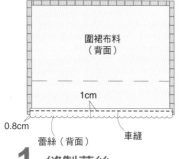

1 縫製蕾絲

如圖所示，將蕾絲花邊放於布料的背面，並確定能由正面能看見0.8cm寬的花邊。再將布料翻過來，在離布邊0.2cm的位置進行車縫。

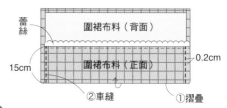

2 製作插袋

將布料的底邊向上摺疊，再分別對摺疊處的兩側邊進行車縫。車縫位置距側邊0.2cm。

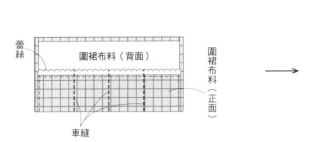

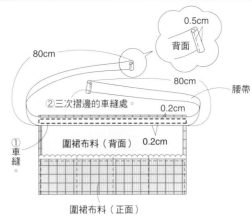

在插袋的中心線及距各自側邊16.5cm的位置進行車縫。

3 縫製腰帶

將腰帶沿邊平鋪在圍裙的上側，並在距各邊0.2cm的位置對腰帶的上下兩邊進行車縫。在腰帶的末端摺出一個0.7cm的三次摺邊，並在距末端0.5cm處進行車縫。

使用普通布料的製作方法

若沒有尺寸剛好的圍裙布料，也可將普通布料裁剪後使用。
建議選擇正面和背面花色差異不明顯的布料。

裁剪圖紙

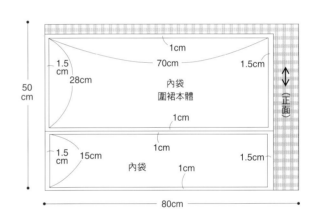

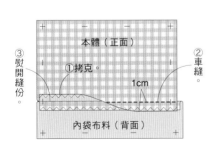

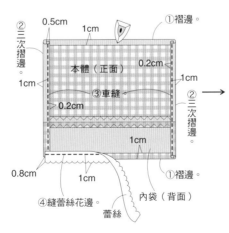

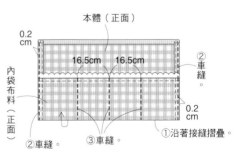

1 如圖所示，將本體布料和插袋布料重合在一起，使本體的背面貼著插袋的正面。在距1cm處進行車縫，並將縫份鋪平燙開。

2 上下布邊摺邊用熨斗熨燙平整，將左右兩側疊成三次摺邊，然後對摺邊進行車縫。最後在袋口處縫上蕾絲花邊。

3 沿著接縫將插袋布料向上翻摺，對兩側邊0.2cm處進行車縫。再對插袋處車縫。
※腰帶的縫合方法與使用圍裙布料的方法相同。

便當袋和水壺套

這是推薦給便當族的兩件寶貝。將裡布褶上與套身縫合即可，非常簡單。
水壺套適用於350至500ml的塑膠寶特瓶。這個大小的套子給小孩子用也很不錯哦！

製作／大久保千秋

☆ 若是給小孩用的，就不要用布製繫帶，改用好收、好解的圓形繫帶。

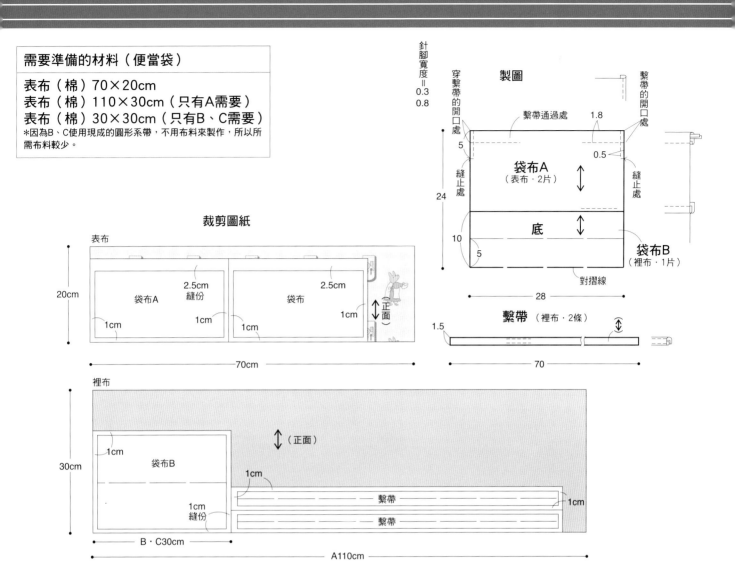

需要準備的材料（便當袋）

表布（棉）70×20cm
表布（棉）110×30cm（只有A需要）
表布（棉）30×30cm（只有B、C需要）
＊因為B、C使用現成的圓形系帶，不用布料來製作，所以所需布料較少。

針腳寬度＝0.3 0.8

製圖

穿繫帶的開口處
繫帶通過處
1.8
繫帶的開口處
5
0.5

袋布A
（表布・2片）

24
縫止處
縫止處

底

10
袋布B
（裡布・1片）

5
對摺線

28

裁剪圖紙

表布

20cm

袋布A
2.5cm 縫份
1cm
1cm

袋布
2.5cm
1cm
1cm

（正面）

70cm

裡布

30cm

袋布B
1cm
1cm
縫份

（正面）

1cm
繫帶
1cm
繫帶
1cm

B・C30cm

A110cm

繫帶（裡布・2條）

1.5
70

需要準備的材料（水壺袋）

表布（棉）40×20cm
裡布（棉）70×20cm（只有A需要）
裡布（棉）20×20cm（只有B、C需要）
＊因為B、C使用現成的圓形繫帶，不用布料來製作，所以所需布料較少。

裁剪圖紙

表布

20cm

2.5cm
袋布A
1cm
1cm

2.5cm
袋布A
1cm
1cm

（正面）

40cm

別布

20cm

袋布B
1cm
1cm

1cm
繫帶
1cm
繫帶

1cm

B・C20cm

A70cm

製圖

針腳寬度＝0.3 0.8

穿繫帶的開口處
繫帶的通過處
1.8
穿繫帶的開口處
4
0.5

袋布A
（表布・2片）

22
縫止處
縫止處

底

8
袋布B
（裡布・1片）

3
對摺線

13

繫帶（裡布・2條）

1.5
45

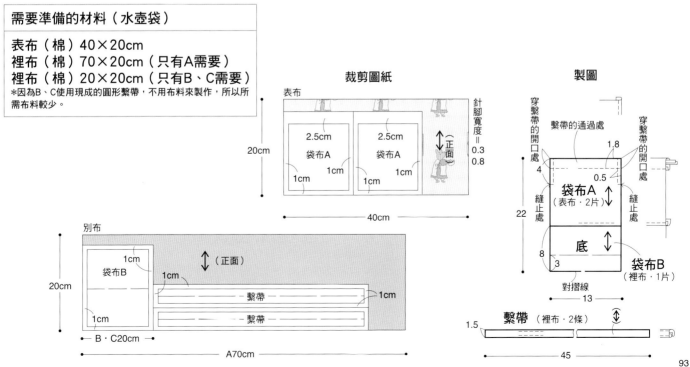

2 平鋪開袋布

1 縫合袋布A和袋布B

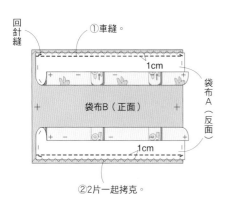

袋布A（表布）和袋布B（別布）正面
疊合，在距離端1cm處一起進行拷克。

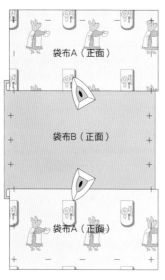

1 用熨斗將縫份倒向袋布A一側。

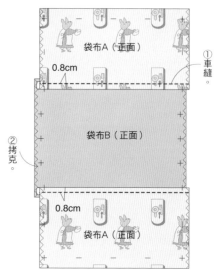

2 在袋布A側距接縫0.8cm處進
行車縫，再對兩側邊進行拷
克。

4 縫袋口

3 製作袋子的邊角

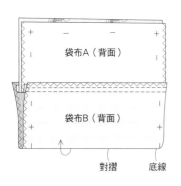

1 對摺袋布，將正面疊在裡側。

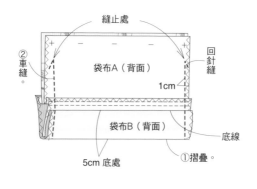

2 再向上摺疊5公分，
再對兩側進行縫合。

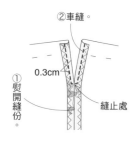

1 將縫份平鋪開，對開口處
進行車縫，車縫位置距外
側0.3公分。

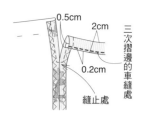

2 袋布上端向內摺0.5cm褶邊，並用熨
斗燙平整後再摺一個2cm的褶邊，並
對褶邊進行車縫。另一側的做法也相
同。

5 製作繫帶

1 對摺繫帶布料，將正面疊在裡側。對開口處進行車縫，針腳呈「L」狀。

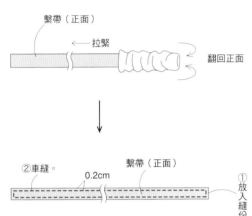

2 自開口處將繫帶翻過來並整理好外形，再對其四周進行車縫。把步驟⑤做好的繫帶穿入袋口處的通道，並將兩端繫在一起。以相反的方向穿另一條繫帶。

6 穿繫帶

5 把步驟⑤做好的繫帶穿入袋口處的通道，並將兩端繫在一起。以相反的方向穿另一條繫帶。

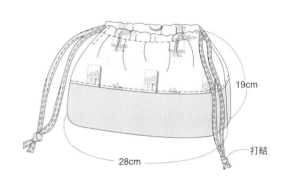

水壺袋的製作方法 只需改變一下底部的尺寸，縫製方法與便當袋完全相同。

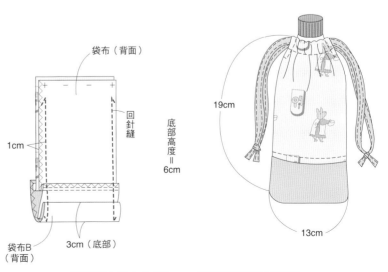

將底部布料向上摺3cm，再對兩側邊進行車縫。縫份寬度是1cm，縫到縫止處即可。

上課用的大提袋

上學或參與培訓課程時必備、簡潔好用的大托特包。兩側沒有側幅，製作起來非常簡單。外側有一個小貼袋，可放A4尺寸的文件，方便又實用。

原寸紙型B
製作／吉田敏子

需要準備的材料（水壺袋）

表布A（棉）70×70cm
表布B（棉）30×20cm

※示例中使用的是色彩對比明顯的車縫線。但實際操作時，請使用與布料同色或顏色相近的車縫線。

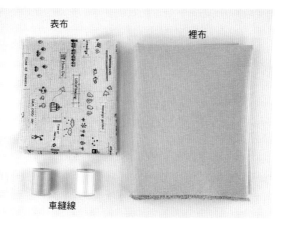

表布

裡布

車縫線

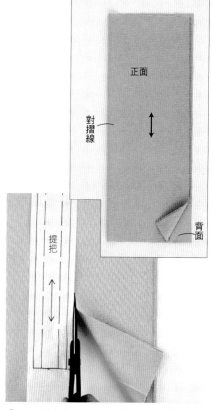

正面

對摺線

背面

製作方法

裁剪&畫記號線

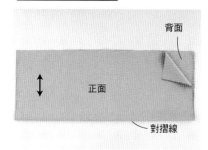

背面

正面

對摺線

①對摺表布，使布料的背面疊在裡側。

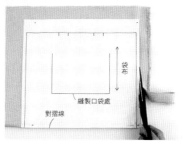

袋布

縫製口袋處

對摺線

②紙型放在置於布料上，使紙型的底邊與布料的底邊對齊。再用珠針固定住並裁下一塊袋布。

③平鋪布料，再裁兩片布料做提把。

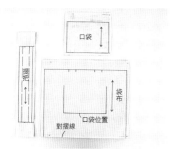

口袋

提把

袋布

對摺線

口袋位置

④用同樣的方法裁下一塊口袋用布料。

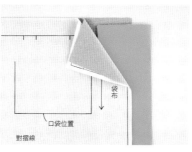

袋布

口袋位置

對摺線

⑤將手工用複寫紙夾在兩層布料的背面之間。

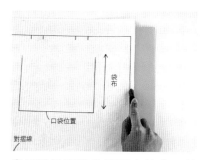

袋布

口袋位置

對摺線

⑥用點線器沿著紙型上的完成線描一遍，畫上記號線。

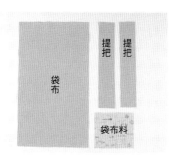

提把

提把

袋布

袋布料

⑦其他部位的布料也以同樣的方法畫上記號線。

處理縫份

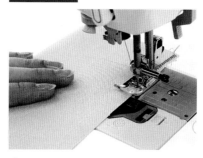

①袋布兩側進行拷克。

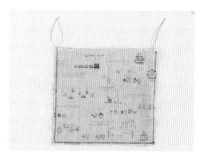

②對口袋布料除袋口以外的其他三邊進行拷克。

製作提把

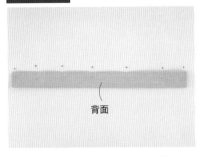

①對摺提把布料，使布料的正面疊在裡側，再用珠針固定住。

②沿著完成線車縫。

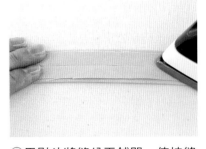

③用熨斗將縫份平鋪開，使接縫處成為提把的中心線。

④將提把翻過來。

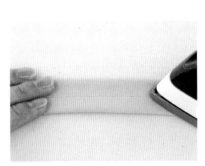

⑤用熨斗燙平。

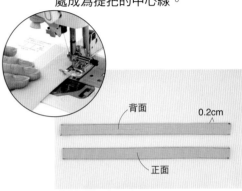

⑥在距0.2cm處進行車縫。

製作、縫合口袋

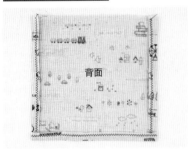

①袋口以外的其他三邊沿著完成線向背面摺邊，並用熨斗熨燙平整。

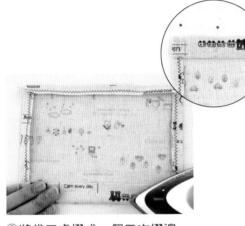

②將袋口處摺成一個三次摺邊，用珠針固定住。

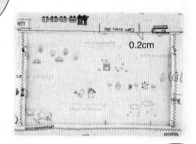

③在距褶邊0.2cm處進行車縫。

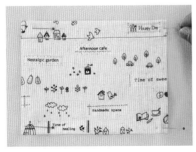

④將口袋布料平放在袋布的相應位置，用珠針固定住。

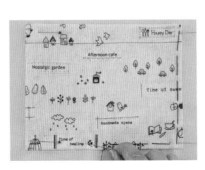

⑤用假縫線對口袋的周邊進行假縫。

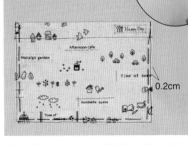

⑥距袋口處0.2cm開始車縫。最後拆除假縫線。

縫製袋布

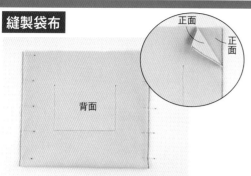

①對摺袋布,使布料的正面疊在裡側。用珠針將兩側固定住。

②車縫兩側的完成線。

③用熨斗燙開兩側的縫份。

縫製提把

①提把安置於相應的縫合處,使其正面朝上。

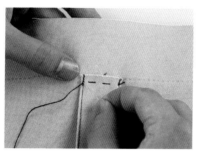

②用假縫線將提把假縫在布袋上。

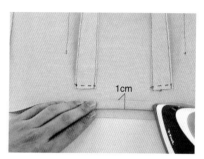

③袋口向上摺疊1cm。

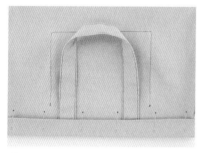

④把提把夾入摺邊和袋布中間,用珠針固定住。

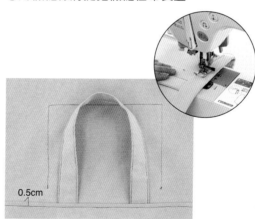

⑤距摺邊0.5cm處進行車縫。

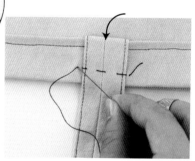

⑥將提把翻摺過來,用假縫線假縫固定。

⑦將袋布翻回正面,用錐子挑出袋角來並整理平整。

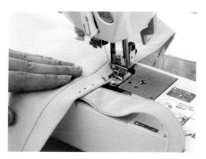

⑧距袋口0.2cm處進行車縫。車縫制提把與袋口相疊合處時,將兩者一起車縫。

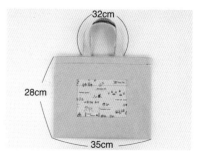

⑨完成。

布書衣

這是一個用來裝袖珍的文庫本尺寸的小書衣。配有布製提把，
乍看之下和普通的包包沒什麼兩樣，帶著去散步也很不錯哦！

製作／アリガエリ　studio-hana

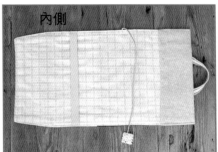

內側

需準備的材料

表布A（棉麻混紡）40×20cm
表布B（棉）10×20cm
裡布（棉）40×20cm
寬1cm的布帶 70cm
寬0.8cm的斜紋布帶 20cm
粗0.2cm的圓形帶 21cm
寬1cm的蕾絲花邊 5cm

製圖　**本體**

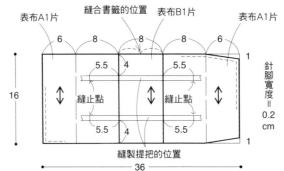

表布A1片　　縫合書籤的位置　　表布B1片　　表布A1片

6　　8　　8　　8　　6　　1

5.5　　4　　5.5

縫止點　　縫止點

5.5　　4　　5.5

16

針腳寬度＝0.2cm

1

縫製提把的位置

36

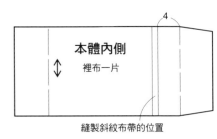

4

本體內側

裡布一片

縫製斜紋布帶的位置

裁剪紙型

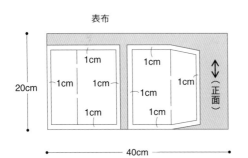

表布

1cm　1cm

1cm　1cm　1cm

1cm

1cm　1cm

（正面）

20cm

40cm

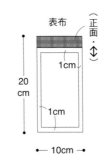

表布

（正面・↕）

1cm

1cm

20cm

10cm

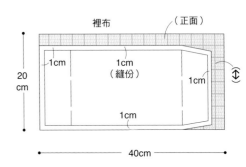

裡布　　（正面）

1cm　1cm（縫份）　1cm

1cm

20cm

40cm

1 製作表面

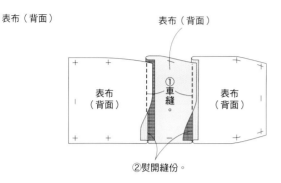

如圖所示，縫合表布A和表布B，用熨斗將縫份鋪平燙開。

2 製作提把

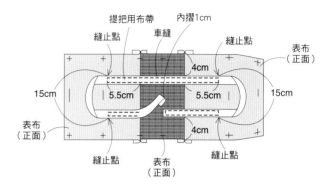

如圖所示，將提把的布帶縫製於表布正面上。再將布帶末端向內摺疊1cm，並使末端與始端上下疊合在一起。

3 製作書籤

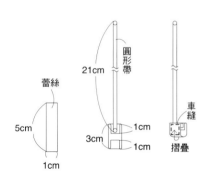

如圖所示，先將蕾絲花邊的兩端分別內摺1cm，在其一端放上圓形帶後對摺以便將圓形帶夾入，最後對蕾絲花邊的四周進行車縫。

4 縫合書籤和斜紋布帶

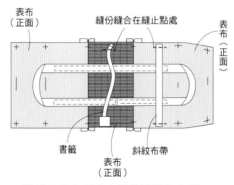

將書籤帶和斜紋布帶放置於各自相應的位置，再假縫固定。

5 縫合周邊

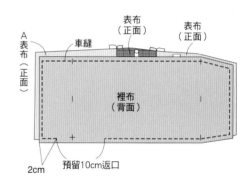

將表布和裡布正面對正面地疊合在一起，並沿著完成線車縫周邊，預留10cm的返口用以翻面。

6 翻回正面

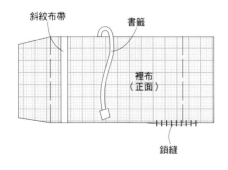

自步驟⑤預留的返口處將袋布翻回正面。再用斗熨燙平，並對開口處進行鎖縫。

7 製作插入口

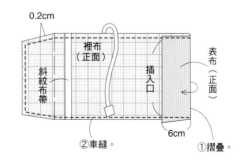

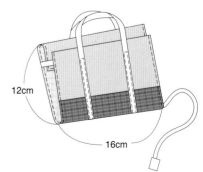

將插入口的布料向內側摺疊6cm，距邊0.2cm處車縫一周，固定住插入口。

隔熱手套

使用橢圓形端鍋用的隔熱手套時，將手放進套子裡也行，不放進去直接隔著手套端也行。不僅方便使用，而且小巧可愛！

原寸紙型A
製作／吉田敏子

裁剪圖紙

需準備的材料（1個分）

表布　60×40cm
棉襯　30×20cm
寬1cm的4層斜紋布帶 1m

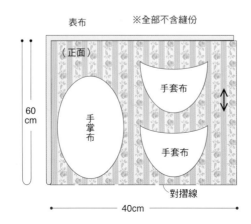

表布　※全部不含縫份

（正面）

手套布

手套布

手掌布

對摺線

60cm

40cm

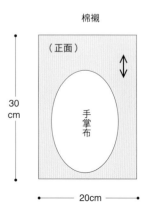

棉襯

（正面）

手掌布

30cm

20cm

1 製作手套布

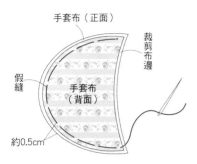

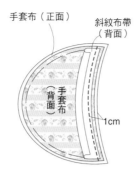

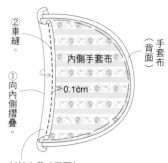

1 疊合手套布外側和裡側的布料，使兩塊布料背面對背面。再沿著布邊假縫固定。

2 斜布條正面朝下放在手指插入口處，在距布邊1cm處進行車縫。

3 斜布條向手套布的裡側摺疊，再距邊0.1cm處進行車縫。

2 製作手掌布

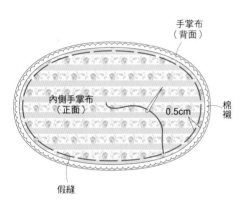

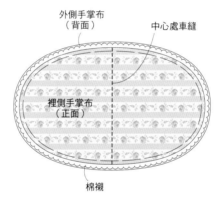

1 在手掌布的外側和裡側之間貼上棉襯，再對其周邊進行假縫。

2 在手掌布的中心處進行車縫。

3 縫合手掌布與手套布

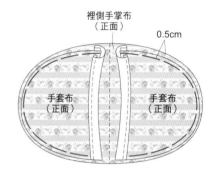

1 內側手套布重合在手掌布的上面，再對周邊進行假縫。

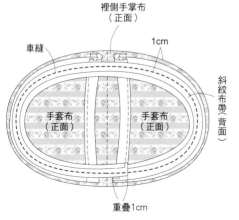

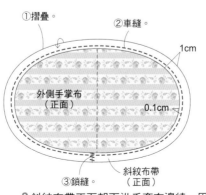

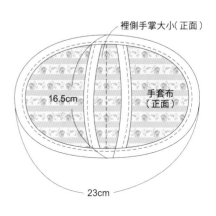

2 斜紋布帶正面朝下沿手套布邊繞一周，並在兩端相接處重疊1cm左右。距外側沿邊1cm處進行車縫。

3 斜紋布帶正面朝下沿手套布邊繞一周，並在兩端相接處重疊1cm左右。距外側沿邊1cm處進行車縫。

方形化妝包

這個簡潔可愛的方形化妝包，看來似乎很複雜，其實只要加上拉鏈後再縫合兩個地方就OK了，超簡單！

製作／吉田敏子

需準備的材料

表布（棉麻混紡）30×40cm
裡布（棉）30×40cm
長20cm的拉鏈 1條
寬2cm的蕾絲 50cm
寬0.8cm的斜紋布條 10cm

製圖

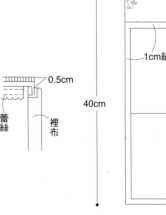

0.5 0.3 拉鏈

蕾絲寬＝2

袋布 蕾絲

（表布、裡布各1片）

16

對摺線

21

0.5cm

蕾絲 裡布

裁剪紙型

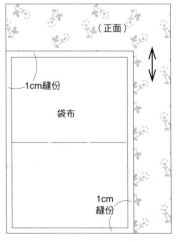

表布、裡布

（正面）

1cm縫份

袋布

40cm

1cm
縫份

30cm